生态视角下景观规划与设计探索

陈　曦　　刘滨谊　马亚利　　著

电子科技大学出版社
University of Electronic Science and Technology of China Press

图书在版编目（CIP）数据

生态视角下景观规划与设计探索/陈曦，刘滨谊，
马亚利著. --成都：成都电子科大出版社，2024.3
ISBN 978-7-5770-0928-5

Ⅰ.①生... Ⅱ.①陈... ②刘... ③马... Ⅲ.①园林设
计 -景观设计 Ⅳ.①TU986.2

中国国家版本馆 CIP 数据核字（2024）第 047816 号

书　　名	生态视角下景观规划与设计探索	
	SHENGTAI SHIJIAOXIA JINGGUAN GUIHUA YU SHEJI TANSUO	
作　　者	陈　曦　刘滨谊　马亚利	
出版发行	电子科技大学出版社	
社　　址	成都建设北路二段四号	
邮政编码	610054	
印　　刷	电子科技大学印刷厂	
开　　本	787mm×1092mm　1/16	
印　　张	9.75	
字　　数	129 千字	
版　　次	2024 年 3 月第 1 版	
印　　次	2024 年 3 月第 1 次印刷	
书　　号	ISBN 978-7-5770-0928-5	
定　　价	78.00 元	

前言

　　随着城市可持续发展理念的提出，生态理念被引入城市建设中，并指导城市生态环境保护的建设和实施。生态理念在景观设计中的广泛应用，使城市景观生态设计得以实现并逐步成为一种设计趋势。并且，生态主义已经成为许多景观设计师内在和本质的考虑，那么，在实践的过程中，我们应该深入贯彻落实科学发展观的要求，在进行景观设计的时候应该注重城市生态的内涵，并以此指导生态城市规划、生态城市设计和生态城市建设。生态城市景观设计是以真实地实现城市生态化为目标，以较好地体现不同城市拥有的城市生态环境、城市文化、城市形象和城市风格为基本出发点和归结点的城市景观设计。

　　在生态景观设计中，我们必须遵循生态的原则，遵循生命的规律，如实反映生物的区域性；顺应基址的自然条件，合理利用土壤、植被和其他自然资源；依靠可再生能源，充分利用日光、自然通风和降水；选用当地的材料，特别是注重乡土植物的运用；注重材料的循环使用并利用废弃的材料，以减少对能源的消耗，减少维护的成本；注重生态系统的保护、生物多样性的保护与建立；发挥自然自身的能动性，建立和发展良性循环的生态系统；体现自然元素和自然过程，减少人工的痕迹；等等。

生态视角下的景观规划设计不单是修复被破坏或受损景观的最重要手段，更是人类生存与自然发展的一种平衡方式，生态化景观规划设计是当前以及未来景观规划设计的必然趋势。本书从景观规划设计的基础知识入手，对景观规划设计的相关学科、要素、步骤等内容进行了详细介绍；而后找到生态与景观规划设计的结合点，对其相关的内容进行系统的分析与研究，并从生态角度出发，对居住区、水景、道路等重要景观的规划与设计进行专业分析与探索，结构完整，表述清晰，希望给读者带来启发。本书可供景观规划设计、环境规划等相关领域的研究人员借鉴参考。在写作过程中，由于作者水平有限，书中难免存在不足之处，恳请各位专家和读者能够提出宝贵意见，以便进一步改正，使之更加完善。

目 录

第一章　景观规划设计基础认知·················· 1
　第一节　景观规划设计概述·················· 1
　第二节　景观规划设计的基本要素·········· 10
　第三节　景观规划设计的具体步骤·········· 25

第二章　景观生态学与景观规划设计·········· 35
　第一节　生态景观设计的原则·············· 35
　第二节　生态景观设计方法················ 43
　第三节　生态景观设计的实践发展·········· 53
　第四节　基于景观生态学的景观规划设计···· 56

第三章　生态视角下的乡村与城市景观规划设计···· 67
　第一节　生态视角下的乡村景观规划设计···· 67
　第二节　生态视角下的城市景观生态规划设计·· 76

第四章　生态视角下的植物与水景景观规划设计···· 95
　第一节　生态视角下的植物景观规划设计···· 95
　第二节　生态视角下的水景观规划设计······ 106

第五章　生态视角下居住区绿地规划设计······ 119
　第一节　居住绿地功能与组成·············· 119
　第二节　居住区绿地生态规划设计·········· 128
　第三节　居住区绿地技术设计·············· 138

参考文献·································· 145

第一章 景观规划设计基础认知

第一节 景观规划设计概述

一、认识景观规划设计

自然景观要素和人工景观要素构成了景观规划设计（景观设计）要素。其中自然景观要素包括各种自然风景，如连绵起伏的山脉、名贵木料、珍奇石料、江河湖海等。人工景观要素包括各种古代文物、历史遗址、人工绿化、商贸集市、建筑、广场等。

为了提高城市空间的质量，必须从这些要素中提取大量素材，结合风水要素与其他各种景观要素，并进行有效组织，使空间布局更为有序，如此才能让城市景观更为独特。

景观设计主要包括城市景观设计（城市广场、商业街、办公环境等）、居住区景观设计、城市公园规划与设计、滨水绿地规划设计、旅游度假区与风景区规划设计等。

景观风格异常多样，如"新中式"景观设计是在现代流行风格中融入中国风格，这种设计不仅能表现出现代潮流的趋势，还可以将传统文化发扬光大。例如，把中国传统的园林设计方法，包括符号图案以及对色彩的运用，通过植物体现意境，运用于现代景观设计中。中国传统符号种类很多，有中国传统的吉祥物：青龙、白虎、朱雀、玄武、凤、貔貅、双鱼、蝙蝠、玉兔等；有五行的金、木、水、火、土；还有中国传统的宝相植物：牡丹、荷花、石榴、月季、松、竹、梅等。在"新中式"景观设计中，采用以上传统符号用抽象或简化的手法来体现中国传统文化内涵，运用形式多种多样，可镶刻于景墙、大门、廊架、景亭、地面铺装、座凳上，或以雕塑小品的形式出现，或与灯饰相结合。

不同的设计目的会对景观设计内容产生很大的影响，规模较大的设计，例如河流的治理以及城镇的规划，需要更多地考虑生态环境问题；街区以及公园之类的中等规模环境设计则需要更多地考虑园林规划；对于面积较小的绿地广场，首先需要注意的是建筑本身的规划设计。如果对景观要素进行分类，通常可以分为硬景观和软景观。硬景观通常包括人工设施，例如铺装、雕塑、凉棚、座椅、路灯、果皮箱等；软景观则是人工植被、河流等仿自然景观，如喷泉、水池、抗压草皮、修剪过的树木等。

景观设计是为了提供舒适环境，提高该区域的商业、文化、生态价值，所以理清思路并找到设计中的关键要素极为重要。举例来说，某服装街是一个逐渐没落的地段，改善该区域及周边的商业环境成为设计的重中之重，要根据商业街的规模，建造基本的商业设施，根据不同的店铺营造出特定的氛围。不论行人的疏通还是公共设施的规划都需要在设计中得到体现，要营造出欣欣向荣的商业氛围，必须把软景观与硬景观相结合，整体与细节要素保持一致。只有解决了这些问题，才能实现最终的目标。

硬景设计理论丰富，而软景设计相对薄弱，特别是植物景观设计。植物景观设计不但具有良好的实用性，同时具备极高的艺术性。

与其他设计行业相比，植物景观配置设计的发展较为落后：从艺术性上来看，它没有完整系统的理论支持；从技术性上来看，它没有明确的设计标准与评判标准。再加上植物景观配置特有的生态问题和时空变化等特性，无疑都将增加植物景观配置设计工作的难度，同时也会增强植物景观配置设计工作的随意性和不确定性。

但是，植物景观配置设计中的一些基本设计流程及设计程序，可以减弱植物景观配置设计工作的随意性和不确定性，增强设计结果的可判定性。同时还可以增强设计工作的系统性、有序性，提高工作效率，提高系统质量保障能力。

通常来说，植物景观类型就是将植物群总体布局后有关整体的一种体现，例如密林、线状的行道林、孤立的大树、灌木丛林、绿篱、地被、草坪、花镜等。所谓植物景观类型的布局与设计，就是把上述植物景观类型（而不是植物个体）作为设计元素进行空间配置，设计师应该在整体上对什么地方该配置什么样的植物景观类型有一个明确的把握。

景观整体的布局结构决定了景观类型的选择，也就是所谓的结构性景观布局。设计地域的整体构造主要由结构性景观布局来确定，根据顾客的审美原则与景观需求来构造框架。这种布局从某种意义上来说可以等同于框架规划。

实用功能也在某种程度上决定了景观的类型与布局，即功能性景观布局。功能性，如某地需要较高的隐蔽性，某地要隔声降噪或阻隔光线等，是景观类型的选择与布局的基本考究。

根据整体规划来确定景观线、景观点，软化某视角，增加某地点的颜色浓度以形成层次变化等，也经常要考虑到过渡景观。

植物景观类型作为一种设计元素，是基于植物群总体的颜色、大小、质地、形状、空间尺度等要素，而非某一类植物景观的个体特征，并遵循植物配植理论和设计原则与创作手法来设计创作。植物景观是由多种植物组成的，它们的特征虽然与个体特征密切相关，但不等于植物个体特征元素或植物个体元素特征的简单叠加。有时，个别植物的基本特征是完全不同的。应注意的是，植物景观类型的特征不仅关系到植物成分，还与内部植物个体的结构安排有关。此外，同一植物景观类型可以有完全不同的植物结构。

植物景观类型的选择与布局是总体景观方案设计的重要组成部分，更多地带有美学创作因素，相对来说，是一项习惯性、发挥性多于程序性的工作，该工作完成后一般会产生如下资料：

第一，植物景观类型规划布局图（包括一些节点立面图）。

第二，植物景观类型统计表。

第三，植物景观类型构成分析表。

植物配植就好比写作，植物景观类型的选择与布局类似于文章的构思及文章的提纲。写文章时，我们首先考虑的是写什么内容，什么风格，段落结构如何布局，如何拓展和表达中心主题，而不是先考虑用什么词、短语或句子。同样，在植物景观设计中，首先考虑的是植物景观类型的选择和布局，而不是个体植物的选择和布局。

植物景观类型选择和总体布局完成后，必须进行各种类型的植物景观设计，即解决植物个体的选择和布局问题。植物个体的选择和布局应主要解决以下问题：植物品种的选择；植物大小的确定；植物数量的确定；植物个体在结构中的位置等。

个体植物的选择和布局也是一个技术问题，除了在结构定位的过程中需要更多地关注审美的设计知识外，还倾向于解决生态问题，因此，植物个体的选择通常是一种程式性工作。

（一）植物品种的选择

选择植物品种的一般程序如下：

第一，根据植物景观布局图、植物景观类型统计表及植物景观类型分析资料等，综合分析各类景观结构的类型和要求，开发植物类型和工作台。

第二，分析确定寒冷气候区的分布情况及主要环境因素。

第三，根据寒冷地区主要环境限制因素，以及植物类型和工作表的要求，配合植物数据库的数据搜索，确定粗选的植物品种。

第四，根据景观功能和美学的要求，选择植物品种。

第五，确定各植物类型的主要品种。主要品种用以维持统一性，是一种植物景观类型的主要框架。在一般情况下，主要品种数量要少，相似程度要高，但植株数量要多。主要植物品种的抗寒性必须高于耐寒区，同时能够对场地主要限制因素有足够的耐性。

第六，确定各植物类型的次要品种。次要品种用以增加变化，品种数量要多，但植株数量要少。若有特殊需求，次要品种的耐寒级别可以不高于场地的气候耐寒区级别。有条件或在成本不高的情况下，可以选择一些对场地主要限制因素耐性不足的植物。主次要品种的比率按各景观类型分别计算分配。

第七，确定植物品种的数量。原则上提倡植物群落多样性，但并非植物品种越多越好，要杜绝拼凑。

对于一般的小区来说，15～20个乔木品种，15～20个灌木品种，15～20个宿根或禾草花卉品种已足以满足生态方面的要求。当然，国家有特别规定的，按相关规定处理。

（二）植物大小的确定

在我国，对种植植物的初植规格大小没有具体的标准规定。设计者通常可以根据客户的要求或自己的习惯来选择。有经验的设计者可以巧妙地利用一些美学和生态的手法来综合确定。

国外常见的乔木层的尺寸通常为直径6～8cm。考虑到国内的习惯，建议乔木层尺寸以直径10～12cm为宜，一般不超过14～15cm。为了满足视觉效果的需要，可以使用一些技术，如增加大灌木（高度为100～250cm）的数量，增加覆盖范围等。在树体比例尺度的处理方面，尽可能缩短最大规格和最小规格植物的差距。

（三）植物数量的确定

准确地说，植物数量的确定与栽植间距密切相关。一般情况下，植物的间距是由植物的大小决定的，在实际操作中，可以根据植物的生长速度进行调整，但不能随意改变种植密度。

（四）植物个体在景观结构中的位置定位

根据景观类型的组成和植物本身的特点，将它们布置到适当的位置，这将关系到植物的美学设计。从个体到植物景观类型的建设，是一项非常复杂的工作，在这个阶段，如果可以借用一些景观类型的模块，将会大大提高工作效率。

通过模拟自然、调查分析以前的设计或设计建模等方法，可以得到模块。在进入仓库之前，必须通过美学或生态检查来证明这一模块。作为工业产品的模块，要通过系统来检验零件与半成品并保证其质量。

配置结果的审查，由于交织着生态、美学和经济等因素，植物景观配置复杂、烦琐，在设计过程中的疏漏和缺陷是不可避免的。因此，一个完整的设计作品完成或阶段性完成后，对其进行系统的审查是非常必要的。审查主要从两个方面进行：对美学原则的审查和对生态原则的审查。审查主要包括三部分内容：审查内容、评价方法和结果评价标准。

二、景观规划设计实践理论和学科特征

这里以当下热点的观光休闲农业园区为例来介绍景观规划设计实践理论和学科特征。

（一）观光休闲农业园区的理论与实践

随着我国城乡经济的发展和人民生活水平的不断提高，休闲农业已取得了较大的进步，并形成了多种组织形式。在我国的旅游和休闲农业取得可喜成绩的同时，园区规划和建设却普遍存在问题，具体表现为：一方面，观光休闲农业园区的景观规划缺乏技术规范和理论指导；另一方面，观光休闲农业园区景观规划设计缺乏系统设施，"晴天一身土，雨天一脚泥"的环境往往让游客们乘兴而来，败兴而归。目前，观光休闲农业园区景观规划设计逐步形成了理论—研究—实践的发展模式，以使观光休闲农业园区规划建设健康、稳定、可持续发展。

近年来随着城市生活水平和城市化水平的提高，人们的环境意识不断增强，逐步建成了集科技示范、观光、采摘、休闲于一体，经济效益、生态效益和社会效益相结合的综合观光休闲农业园区。休闲农业园区是一套集旅游、休闲、娱乐、教育于一体的高层次发展园区，从最初的农业发展到统一规划，观光休闲农业园区将生态、休闲、科普有机地结合在一起，同时，科学技术的普及改变了传统农业仅专注于土地本身，大耕作农业的单一经营思想，客观上促进了旅游业和服务产业的发展，促进了城乡经济的快速有效发展。

我国的观光农业是在 20 世纪 80 年代后期兴起的，首先在深圳开办了一家荔枝观光园，随后又开办了一家采摘园。目前一些大中城市也相

继开展了观光休闲活动，并取得了一定效益，展示了观光农业的强大生命力。

景观生态学是研究在一个相当大的区域内，由许多不同生态系统所组成的整体（即景观）的空间结构、相互作用、协调功能及动态变化的一门生态学新分支。如今，景观生态学的研究焦点放在了较大的空间和时间尺度上的生态系统的空间格局和生态过程。景观生态学的生命力在于它直接涉足城市景观、农业景观等人类景观课题。观光休闲农业园区作为农业景观发展的高级形态，随着人类活动的频繁，其自然植被板块正逐渐减少，人地矛盾也更加突出。观光休闲农业园区景观规划设计需按照景观生态学的原理，从功能、结构、景观三个方面确定园区规划发展目标，保护集中的农田板块，因地制宜地增加绿色廊道的数量，提高绿色廊道的质量，发挥景观的生态恢复作用。

在景观中，有一些关键的局部、点及位置关系，构成了一种潜在的空间格局。这种模式被称为景观生态安全格局，在维护和控制生态过程中起着关键的作用。农业景观安全格局，由耕地保护区、保护区和保护区之间的关系组成，对应人口和社会保障水平，适当的安全水平可以维持农业生产。在景观中，模式决定了功能，实现了土地可持续利用的稳定性，维护和优化了相应的景观空间格局。景观稳定性越强，就越能抵抗外界干扰，干扰后恢复能力就越强，越有利于保持景观格局，保证景观功能的稳定性。景观空间异质性使景观格局保持稳定，体现了对土地保护和安全目标的可持续利用，在一定程度上能反映景观多样性、景观破碎度、景观聚集度和景观分维数等指标。

观光休闲农业园区景观规划与建设方式代替传统的农业生产和建设，以城市—农田作为一个城市整体为出发点，强调与城市生活的对话，形成"可览、可游、可居"的景观环境，构成了"城市—乡村—田野"的休闲空间系统。园林绿化规划设计充分，以绿化树木和农作物为材料做园林绿化建设，园林小品的风格简单清新；景观功能突出了以人为本的原则，又一次与生产相结合。不同地块和不同景观类型的观赏价值，使人们在休闲体验中体验农耕文化和当地民俗的魅力。

（二）观光休闲农业园区景观规划设计原则

1. 生态的原则

旅游势必会带来大量的污染，园区自身的生产生活需要注意生态方面的要求，重视环境的治理，更不要对自身和周边环境产生不良的影响。景观规划的生态原则是创造园区恬静、适宜、自然的生产生活环境的基本原则，是提高园区景观环境质量的基本依据。

2. 参与性原则

亲身参与体验、自娱自乐已成为当前的旅游时尚。观光休闲农业园区的空间广阔，内容丰富，极富有参与性。城市游客只有广泛参与到园区生产、生活的方方面面，才能从更多层面体验到农产品采摘及农村生活的乐趣，才能体会到原汁原味的乡村文化氛围。

3. 突出特色的原则

特色在于旅游业的发展，旅游业的竞争力和发展潜力越大，规划与设计园区和实际结合的特色就越鲜明。选择准确的突破口，可使园区更具特色，使景观更直接地为旅游园区服务。

4. 文化的原则

通常人们谈论农业，首先想到的是它的生产功能，很少想到文化内涵，以及由此产生的一些诗歌和歌曲。所有这些容易让人忽视的农业也是一种文化，所以在公园的景观设计中应该挖掘其内在的文化资源，并对其进行开发利用，提高公园的文化品位，实现景观资源的可持续发展。

三、景观规划设计的原则

（一）自然优化—生态保护原则

自然景观是指受人类的间接影响，而原有的自然景观并没有改变。自然景观资源包括原始自然保护区、山区、山坡、森林、湖泊和大型植物板块及自然保护区。在保护的前提下，我们要合理开发利用自然景观资源。只有这样才能保证景观设计的可持续发展，并不断地被利用。

（二）统筹规划、分阶段实施原则

景观是由一系列生态系统组成的有机整体，其景观序列是连续的、完整的。景观规划应保证其完整性，作为一个整体来考虑，同时，根据财务状况和保护景观的需求，分期实施。

（三）景观异质性原则

异质性是系统或系统属性的变异程度，空间异质性的研究已成为景观生态学研究的一个显著特征。它包括空间结构、空间格局和空间相关性。异质性与抗干扰能力、恢复能力、系统稳定性和生物多样性密切相关，景观异质性程度高，有利于物种的生存，但不利于稀有物种的生存。景观异质性也可以被理解为景观元素分布的不确定性。

（四）景观尺度性原则

尺度是对象或过程的空间维度，对应关系、空间和时间尺度的协调与规律是一个重要的特征。生态平衡与规模密切相关，景观规模越大，在湍流中的协调性越稳定。

（五）景观的个性原则

景观有不同特征，在地域上，有的以山岳为主，有的以海洋为主，森林植被南北悬殊。规划应以自然规律为基础，营造特色鲜明的地方特色、个性鲜明的景观类型。环境景观特征主要反映当地的生活，在一定区域内分布的特征并不能出现在其他领域，具有不可替代性。

景观的特点主要受地域分布规律的影响，容易形成封闭的环境，在封闭的环境中保持特色传统。区域差异化是地球表面最基本的特征。地球表面是不均匀的表面层，形成原因：太阳光（能量）在地球表面分布不均匀，气压、风向、温度、湿度等都是不同的。

（六）生态、社会和经济三大利益原则

景观发展不是孤立的，它不仅强调人与自然的和谐相处，还要考虑到景观与周围的社会环境和当地经济之间的密切关系，必须科学地处理好三大效益的比例关系。

第二节 景观规划设计的基本要素

一、景观规划的构成要素

(一) 景观规划的自然因素

景观规划的自然因素主要是指组成景观的自然要素。自然要素和人工要素是构成景观的基本要素，而自然因子是其最基本的自然要素。自然因子就是土壤、植物、水、山石等，它们如同语言中的元音一样，是不可缺少的。

景观环境中的土壤是由一层层厚度各异的矿物质成分组成的大自然主体。疏松的土壤微粒组合起来，形成充满间隙的土壤的形式。这些孔隙中含有溶解溶液（液体）和空气（气体）。土壤是大多数植物生长的基础，它保证了植物生长发育的需要。植物可以从土壤中获得水分、氮和矿物质等营养元素，以便合成有机化合物。但是不同的土壤厚度、机械组成和酸碱度等，在一定程度上会影响植物的生长发育和其分布区域。土壤的厚度决定了土壤水分的含量和养分的多寡。土壤的酸碱度（pH）影响矿物质养分的溶解转化和吸收。例如，酸性土壤容易引起缺少磷、钙、镁等现象，增加污染金属汞、砷、铬等化合物的溶解度，会危害植物；碱性土壤容易引起缺少铁、锰、硼、锌等现象。对于高等植物来说，缺少任何一种它所必需的元素都会出现病态，如缺铁会影响叶绿素的形成，叶片变黄脱落，影响光合作用。除此之外，土壤酸碱度还会影响植物种子的萌发、苗木生长、微生物活动等。一般要求栽培景观环境植物所用的土壤应具有良好的团粒结构，疏松、肥沃、排水和保水性能良好，并含有较丰富的腐殖质和适宜的酸碱度。

植物的分类方法很多，从方便景观设计的角度出发，常依其外部形态分为乔木、灌木、藤本植物、竹类、花卉和草坪植物六类。

水不仅仅是人们生活中必不可少的元素，也是最为常见的自然因子，它还可以给予人们完全不同的体验。水可以创造不同的气氛和情绪来吸引人的感官。水是最基本的柔性要素，是不可超越的雕塑媒介，因为它在塑造形体方面有很大的潜力，拥有透明性、反射性、折射性等诸多特性。

山石是不可缺少的景观要素，在景观设计中起着十分重要的构景作用。置石组景不仅有其独特的观赏价值，而且能陶冶情操，给人无穷的精神享受。有的山石玲珑剔透，有远古之意；有的山石如抽象雕塑，有现代之感，等等，千姿百态的置石，丰富了景观环境的内涵。因而，山石在现代景观中也得到了广泛的应用。

（二）景观规划的人文因素

景观规划的人文因素是依据人的意志，借助人力塑造的第二自然，通常包括景观建筑、小品、铺地、桥梁及必需的工程设施等，为游人提供宜人的景观环境。

景观建筑是最重要的人文因素，它不仅能满足功能要求，还能组成游览路线和组织风景画面，是主要的人文构景要素。景观中供休息、装饰、照明、展示和为景观环境管理及方便游人使用的小型建筑设施，称为小品。它分布广，数量多，功能性强，是景观的重要组成部分。

在景观空间构成中，铺地是一个重要因素。无论是在地面的使用和组织，以及完善和限制空间的感受上，还是在满足其他所需的实用和美学功能方面，铺地都是非常重要的。

桥梁是立体交通的重要设施，也是重要的景观构成元素。它能分隔空间，点缀风景。因桥梁下部架空，可使空间隔而不分，从而更有一种空灵通透的效果。一些造型优美的桥梁本身就能成为一处佳景，如北京颐和园的十七孔桥，扬州瘦西湖的五亭桥等。

二、景观规划设计的要素

（一）景观地形设计

景观设计中的地形是指测量学中地形的一部分——地貌，即地表各种起伏形状的地貌。景观用地范围内的峰、峦、谷、湖、潭、溪、瀑等山水地形外貌，是景观的骨架，也是整个景观赖以存在的基础。按照景观设计的要求，综合考虑同造景有关的各种因素，充分利用原有地貌，统筹安排景物设施，对局部地形进行改进，使园内与园外在高程上具有合理的关系，这个过程称为景观地貌创作。

1. 地形的形态特征

（1）平坦地貌

地形起伏坡度很缓，其地形变化不足以引起视觉上的刺激效果。平坦地形主要的视觉对象是天空和开放空旷的大地，缺乏安定感和围合感。由于地形变化小，所以长时间观看会给人乏味之感，设计者往往需要通过颜色鲜艳、体积巨大、造型夸张的构筑物或雕塑来增加空间的趣味，形成空旷地的视觉焦点，或通过构筑物强调地平线和天际线的水平走向的对比，增加视觉冲击力；也可以通过植物或者沟壑进一步划分空旷的空间。

（2）凸形地貌

此类地形比周围环境的地形高，例如山丘和缓坡、相对于平坦性地貌而言具有动感和变化，视线开阔，具有延伸性，空间呈发散状。它一方面可组织成为观景之地，另一方面因地形高处的景物往往突出，可组织成为造景之地。同时，也必须注意从四周向高处看时地形的起伏和构筑物之间所形成的构图和关系，还要注意建筑和构筑物的形态特征要有特色，以便形成这一区域的地标。

（3）山脊地貌

山脊地形是连续的线性凸起型地形，有明显的方向性和流线。所以设计游览路线时往往要顺应地形所具有的方向性和流线，如果路线和山脊线相抵或垂直，容易使游览过于疲劳，和人们乐于沿着山脊旅行的习惯相违背。

（4）凹形地貌

此类地形比周围环境的地形低，视线通常较封闭，空间呈积聚性。

因为其具有一定的尺度闭合效应，所以人类最早的聚居区和活动空间就是在凹形地貌中。凹形地貌周围的坡度限定了一个较为封闭的空间，这一空间在一定凹地形的低凹处能聚集视线，可精心布置景物。凹地形坡面既可观景，也可布置景物。

（5）谷地

谷地是一系列连续和线的凹形地貌，其空间特性和山脊地形正好相反。

上述五种地形地貌是我们在景观设计中最常遇到的。在实际的操作过程中，大多数景观基地都是由两种以上的地貌组合而成的，景观设计师在充分了解了实地的地形地貌特点后，通过改造，例如挖掘或填充，来进一步生成和划分空间，以此作为景观设计空间形态的原型。

一般来说，户外空间有几个因素影响了人们的空间感受：第一，空间的地指可以供人活动的地面。第二，水平线和轮廓线，也就是人们常说的天际线。第三，坡面的坡度。坡面的坡度大小影响了空间限定性的强弱。俄亥俄州大学诺曼教授提出了视觉封闭性和视觉圆锥之间的关系。所谓视觉圆锥指人的视觉基本上呈现一个圆锥的形态，当地面、轮廓线和周边坡度三个因素所占的面积在观察者 45°视觉圆锥以上时，则产生完全封闭的空间；如果三者所占面积处于 30°视觉空间左右时，则产生了封闭空间；最微弱的封闭感是三者所占面积处于 18°时视觉圆锥；低于 18°时，空间给人的封闭感微乎其微，就不能称之为封闭性空间了，而是敞开空间。

地形是景观的骨架，各种自然与人工构筑物如山体、河流湖泊、坡地谷地和跌水瀑布、泉水等地貌小品的设置。它们之间的相对位置、高低大小、比例、尺度、外观形塑、坡度的控制和高程关系都要通过地形设计来解决。

2．地形在景观营造中的作用

（1）地形的骨架作用

地形是构成景观的基本骨架。建筑、植物、落水等景观都常常以地形作为依托，使视线在水平和垂直方向上都有变化。建筑随山形高低错落，能丰富立面构图。

（2）地形地挡与引

地形可用来阻挡人的视线、行为以及狂风和噪音等。可以根据景观的需要，在适当的地方运用地形来满足人对环境的需要，例如，在紧邻城市道路公园的一侧可以结合地形的升高，将道路的噪音隔离出去，同时形成视觉的屏障；另外，如果在景观的冬季主导风向上方设计高地，则可以将地形的变化与微气候的设计结合起来。群山环抱，气势雄伟，放在西北面，可以遮挡冬天的风；而舒坦的向阳面，可以扩大种植地面积。

可利用地形对视线的遮挡和引导来设计空间，例如，利用地形采用障景和隔景的手法是我国古典园林中常用的空间处理方法，障景往往用于景观入口，自成一景，或位于园林景观的序幕，增加景观空间层次，将园中佳景加以隐障。达到柳暗花明的艺术效果。拙政园入园后一座假山挡住视线，避免园中景观一览无余，谓之"障景"，绕过假山到达主体建筑"远香堂"，才豁然开朗，一收一放，欲扬先抑，是苏州园林入口常见的处理方式，更为含蓄多趣，而隔景也可以分为实隔和虚隔，采用山石地形隔景为实隔，通过地形的变化，园景虚实变换，丰富多彩，引人入胜。

若地形自身具有一定的高差，也能起到阻挡视线的作用。在设计中，对于过渡段的地形高差，若结合设计合理安排景物的藏露，就能创造出步移景异的地形空间。

（3）利用地形分隔空间

利用地形可以有效、自然地划分空间，使之形成不同功能或景观特点的区域。在此基础上，若再借助植物，则更能增加划分的效果和气势。利用地形划分空间应从功能、地形条件和造景几方面考虑，它不仅是分隔空间的手段，而且还能达到空间大小对比的艺术效果。

避暑山庄按照地形地貌特征进行选址和总体设计，完全借助于自然地势，山就水。避暑山庄按照地形分为宫殿区、湖泊区、平原区和山峦区四大部分。宫殿位于湖泊南岸，地形平坦是皇帝处理朝政和生活起居的地方；湖泊区位于宫殿区的北面，由八个小岛屿将湖面分割成大小不同的区域，层次分明，富有江南鱼米之乡的特色；平原区位于湖区北面的山脚下，地势开阔，有万树园和试马埭，是一片碧草如茵，林木茂盛，具有茫茫草原风光的区域；山峦区位于山庄的西北部，面积占全园的4/5，这里山峦起伏，沟壑纵横，众多楼堂殿阁、寺庙点缀其间。整个山庄东南多水，西北多山，是中国自然地貌的缩影。

在现代公园设计中，有很多也是根据地形来分割空间和区域，一般都结合平地做入口开阔空间设计，把人流量大的公园附属设施安排在靠近公园入口的平地，而把内部起伏较大的山水区域结合安静休息功能景区设计，通过山地的起伏形成丰富的地形变化，凹入的地形结合水和植物可形成私密性较强的空间。

（4）地形的背景作用

凸、凹地形的坡面均可作为景物的背景，但应处理好地形与景物和视距之间的关系，尽量通过视距的控制来保证景物和作为背景的地形之间有较好的构图关系。

（5）地形造景

虽然地形始终在造景中起着骨架作用，但是地形本身的造景作用也不可忽视。设计中可强调地形本身的景观作用，如将地形做成圆（棱）台、半圆环体等规则的几何形体或相对自然的曲面体，以此形成别具一格的视觉形象，这些地形体就像抽象雕塑一样，与自然景观对比产生了鲜明的视觉效果。

3. 地形改造设计原则

在地形设计中，首先必须考虑的是对原地形的利用。结合景观基地调查和分析的结果，合理安排各种坡度要求的内容，使之与基地地形条件相吻合。地形设计的另一个任务就是进行地形改造，使改造后的基地地形条件满足造景的需要，满足各种活动和使用的需要，并形成良好的地表自然排水系统，避免过大的地表径流。

（1）地形、排水和坡面稳定

地形可看作是许多复杂的坡面构成的多面体。地表的排水由坡度决定，在地形设计中应考虑地形与水的关系，尤其地形和排水对坡面稳定性的影响。地形过平则容易积涝，破坏土壤的稳定，对植物的生长、建筑和道路的基础都不利。因此，应创造一定的地形起伏，合理安排分水和汇水线，保证地形具有较好的自然排水条件，既可以及时排除雨水，又可以避免修筑过多的人工排水沟渠。但是，若地形起伏过大或坡度不大但同一坡度的坡面延伸过长时，则会引起地表径流，产生坡面滑坡。因此，地形起伏应适度，坡长应适中。

要确定需要处理和改造的坡面，须在调查和分析原地形的基础上做地形坡度分级、地形排水类型图，根据设计要求决定所采用的措施。当地形过陡、空间局促时可设挡土墙；较陡的地形可在坡顶设排水沟，在坡面上种植树木、覆盖地被物，布置一些有一定埋深的石块，若在地形谷线上，石块应交错排列等。在设计中如能将这些措施和造景结合起来考虑就更佳了。例如，在有景可赏的地方可利用坡面设置座席、观望台和台基；将坡面平整后可做成主题或图案的模纹花坛或树篱坛，以获得更佳的视角；也可利用挡土墙做成落水或水墙等水景，挡土墙的墙面应充分利用起来，精心设计成与设计主题有关的叙事浮雕、图案，或从视觉角度入手，利用墙面的质感、色彩和光影效果，丰富景观。

（2）坡度

在地形设计中，地形坡度不仅关系到地表面的排水、坡面的稳定，还关系到人的活动、行走和车辆的行驶。一般来讲，坡度小于1%的地形易积水，地表面不稳定，不太适合于安排活动和使用等内容。但若稍加改造即可利用。坡度介于1%～5%的地形排水较理想，适合安排绝大多数的内容，特别是需要大面积平坦地的内容，像停车场、运动场等，不需要改造地形。但是，当同一坡面过长时，显得较单调，易形成地表径流，而且当土壤渗透性强时，排水仍存在问题。坡度介于5%～

10％之间的地形适合安排用地范围不大的内容，但这类地形的排水条件很好，而且具有起伏感。坡度大于10％的地形只能局部小范围地加以利用。

4．地形设计处理要点

（1）广场地形处理要点

广场的竖向设计必须充分了解地形的变化，并注意地形的选择与利用。一般按相交道路中心线交点的标高为广场竖向设计的控制点。广场内应尽量减少大填大挖，力求场内纵、横坡度平缓。场内标高应低于周围建筑物的散水标高，其坡向最好由建筑物的散水标高向外坡向，以利于排水和突出建筑物的雄伟。

广场竖向设计根据广场面积大小、形状、排水流向等可分别采用一面坡、两面坡，不规则斜坡和扭坡。顺着天然斜坡而修建的广场，可以设计为单一坡向。但应考虑不宜使广场纵坡大于2％。在天然斜坡地形较大时，可分成两极式广场，即在广场中央设置较宽阔的街心花园，使斜坡的影响得到缓和。这种情况宜设计或矩形的广场。

（2）道路地形处理要点

道路应在路线和景观之间的相互作用下形成，后者影响前者，它们应使人看上去是自然的，并是整体环境中的组成部分。

①路线和地形

良好的道路布线应利用自然地形。路线应与原有的地形融合而不是去有意改变它。沿着等高线的路线最容易与景观调和，而且对车辆和行人来说都是最省力的。

当在坡地上一条沿着等高线方向行进的路段在长度方向必须提高或降低其高程时，可在道路线和等高线之间选一个合适的角度，以确定一个合适的坡度。

当一条路线沿与等高线成直角的方向进行时，其位置应选在挖方填方量最少处。应避免路线有"逆着纹理"穿越的生硬感觉。可以通过选用实际挖、填方量最小的路线和高程以防止这种情况发生。另一个办法是把路线位置稍稍偏移垂直方向，可能会产生最佳效果。

一条与等高线直角相交的路线在视觉上会产生强烈的影响，因此，在这里也必须对侧向坡面的挖、填方处理予以特别注意。这点，对于坡度陡且由于处理不合理而造成地形上有深而难看的切口来说尤为关键，对于相对平缓起伏的地面而言也应注意。

②道路地形横截面处理

如果道路处于一个挖方区内时，两侧的地面均需加以修饰，使它们看上去尽可能自然一些。经过修饰的地面应与其周围具有相似的特征。位于路堤上的道路或在坡地上沿着等高线方向的道路都应如此。不论挖方式或路堤式，都要避免出现陡的侧坡以及方正的肩部和底部。

岩石挖方不属于上述情况，陡峭的表面和生硬的转角对于这种材料来说是正常的。挖方和路堤侧坡的截面处理方式，只有在经过对周围地面结构仔细研究之后才能确定。应当把地区内总的地形记录下来，把拟建路段直接邻近的地形记录下来，然后做出相应地土方工程设计。一般情况下应把倒坡尽可能做得平缓。土地表面由水流冲刷形成，除了岩石露出外，土地表面将由圆润的形状和面与面之间圆顺的连接点所构成。对于挖方，通过把侧面做成凸圆，可以获得较佳效果。

（3）建筑坡地地形处理

当在坡地上布置房屋、构筑物时，地形的影响是非常明显的。房屋、构筑物及其他城市建设项目的标准设计是按没有坡度的抽象地段编绘的。解决用地与布置在用地上的建设项目之间互相适应的问题是很困难的。

①建造人工平台

为解决地形的高差可以采用在个别建筑物、建筑场地或建筑群上面建造人工水平台或台阶的方法。

相邻两平台的高差值具有非常重要的意义。连接不同高度平台的主要措施有：绿化带，宽 5～10m，有变化的横坡，适于连接高差 1～2m 的平台；绿化的斜坡，填方斜坡坡度到 50%～60%，挖方斜坡坡度到

100％（采用专门护坡措施时，坡度还可增大），高度可达数十米；挡土墙、台阶等。

②坡地建筑处理形式

阶梯式房屋：具有与建筑场地地形坡度相应的阶梯体型。阶梯式房屋可有三种形式：跌落单元式；阶梯走廊式；台阶式。第一种形式的房屋用于坡度从 7％至 17％的坡地上，其余两种用于坡度不小于 25％的坡地上。

变层式房屋，长向顺坡或斜交坡向布置，屋面在同一水平面上，房屋各部分的层数则随其长度范围内地形高差的变化而各不相同。这类房屋有组合单元式、通廊组合单元式、回廊组合单元式或综合式各种方案。这种类型的房屋适合布置在有任何坡度的坡地上。

（二）景观规划中的植物设计

1. 景观植物的类型划分

（1）乔木

一般来说，乔木体形高大，主干明显，分枝点高，寿命比较长。依其体形高矮常分为大乔木（20m 以上）、中乔木（8～20m）和小乔木（8m 以下）。从一年四季叶片脱落状况，又可分为常绿乔木和落叶乔木两类。叶形宽大者，称为阔叶常绿乔木或阔叶落叶乔木；叶片纤细如针或呈鳞形者，则称为针叶常绿乔木或阔叶落叶乔木。乔木是景观环境中的骨干植物，无论在功能上，还是艺术处理上，都能起主导作用。

（2）灌木

这类树木没有明显的主干，多呈丛生状态，或自基部分枝。一般体高 2m 以上者为大灌木，1～2m 者为中灌木，高度不足 1m 者为小灌木。灌木能提供亲切的空间，屏蔽不良景观，或作为乔木和草坪之间的过渡植物。灌木的线条、色彩、质地、形状和花是其主要的视觉特征，其中以开花灌木观赏价值最大、用途最广，多用于重点美化地区。

（3）藤本植物

藤本植物指具有细长茎蔓，并借助卷须、缠绕茎、吸盘或吸附根等依附于其他物体才能使自身攀缘上升的植物。其根可生长在最小的土壤中却能产生最大的功能和艺术效果。

（4）竹类植物

禾本科竹亚科常绿乔木、灌木或藤本状植物、秆木质，通常浑圆有节，皮翠绿色，但也有方形竹、实心竹和茎节基部膨大如瓶、形似佛肚的佛肚竹，以及其他皮色的竹类植物，如紫竹、金竹、斑竹、黄金间碧玉竹等。

（5）花卉

花卉指姿态优美、花色艳丽、花香馥郁和具有观赏价值的草本和木本植物，通常多指草本植物。草本花卉是景观环境建设中的重要材料，可用于布置花坛、花镜、花缘、切花瓶插、扎结花篮、花束、盆栽观赏或作地被植物使用，而且具有防尘、吸收雨水、减少地表径流、防止水土流失等功能。很多花卉的香味还可以杀菌，或用于提取香精。根据花卉的生活习性和生态习性，可分为一二年生花卉、多年生花卉和水生花卉。

2. 植物在景观中的功能

（1）生态效益

植物可以净化空气、水体和土壤。植物可以吸收空气中的尘埃、有害气体和杀菌，也可以调节大气温湿条件。植物通过叶片的蒸腾作用，调节空气的湿度，从而改善城市小气候，使人们具有舒适感。植物也可以减少城市中的噪声污染，通过科学的绿地设计，还能具有防灾避难、保护城市人民安全的作用。

（2）社会效益

作为一种软质景观，植物可以柔化建筑生硬的轮廓，达到美化城市的效果。同时也可以美化城市环境，提升城市形象，展现城市风貌。优秀的植物景观也可以陶冶情操，提供日常休闲、文化教育、娱乐活动的场所。

（3）经济效益

许多植物还具有很高的经济价值。比如，果树中的桃、梨、梅、樱桃，香料树种茉莉、桂花、白玉兰、香水月季，药用植物金银花、白菊、石榴、杜仲、银杏等。

3．植物配植的原则

①以乡土树种为主，外来树种为辅，尤其是乔木。充分运用乡土树种，不仅可以使树木生长繁茂，而且具有浓郁的地方特色。这并不意味着对外来树种的排斥。

②积极引种驯化，丰富当地树种。如杭州悬铃木、雪松、广玉兰和龙柏都是外来树种，通过近百年的栽培，在我国许多地方都能良好生长，深受群众喜爱，可以在植物配植中广泛应用。

③以乔木为主，乔、灌、草以及花卉相结合。

④植物配植所形成的风格必须与园林规划风格相一致。

⑤植物的布局和配置，务必考虑植物的生物学特性和生态要求，做到因地制宜，因情制宜，适地适树。

⑥要自觉地运用生态学观点去配置植物，要重视植物人工群落的稳定性，在选择和确定配置密度上都要予以慎重考虑。

⑦要根据构景要求进行配置，如做主景、配景、背景、前景、隔景、框景、漏景、夹景、障景等，由于构景要求不同，在选择和配置植物时，也应有所不同。

⑧植物与建筑物、构筑物、道路、广场、山石、水体的结合，务求与环境相协调，甘当配角。

4．植物配植的基本形式

(1) 孤植

孤植是指乔木或灌木的孤立种植类型，但并不意味着只能栽一棵树，有时为了构图需要，增强其雄伟感，也常二株或三株同一树种的树木紧密地种在一起，形成一个单元，远看和单株栽植的效果相同。孤植是在中西景观环境中被广泛采用的一种自然式种植形式，在景观环境上有两个功能：一是单纯作为构图艺术上的孤植树，二是作为景观环境中庇荫和构图艺术相结合的孤植树。

孤植树主要表现植株个体的特点，突出树木的个体美，如奇特的姿态，丰富的线条，浓艳的花朵，硕大的果实等。因此，在选择树种时，孤植树应选择那些具有枝条开展、姿态优美、轮廓鲜明、生长旺盛、成荫效果好的特点的树种，如银杏、槐树、榕树、香樟、悬铃木、白桦、无患子、叶树、雪松、云杉、桧柏、白皮松、枫香、元宝枫、樱花、花，广玉兰和柿树等。

（2）对植

对植是指用两株或两丛相间式相似的树，按照一定的轴线关系。以相互对称或均衡的方式种植，主要用于强调公园、建筑、道路、广场的出入口，同时起庇荫和装饰美化的作用。在构图上形成配景和夹景，与孤植树不同，对植很少做主景。在规则式种植中，利用同一树种、同一规格的树木依主体景物轴线作对称布置，两树连线与轴线垂直并被轴线等分，这在景观环境的入口、建筑入口和道路两旁是经常运用的。规则种植中，一般采用树冠整齐的树种，而一些树冠过于扭曲的树种则需使用得当。在自然式种植中，对植不是对称的，但左右仍是均衡的。在自然式景观环境的进口两旁、桥头、蹬道的石阶两旁、河道的进口两边、闭锁空间的进口、建筑物的门口等，都需要自然式的进口栽植和诱导栽植。

（3）丛植

丛植通常是由二株到十几株同种或异种的乔木或灌木组合种植而成的种植类型。配植树丛的地面，可以是自然植被或是草坪、草花地，也可配置山石或台地。树丛是景观环境绿地中重点布置的一种种植类型，它以反映树木群体美的综合形象为主，所以要很好地处理株间、种间的关系。株间关系是指疏密、远近等因素；种间关系是指不同乔木以及乔木、灌木之间的搭配。在处理株间间距时，要注意整体适当密植，局部疏密有致，使之成为一个有机的整体；在处理种间关系时，要尽量选择对搭配关系有把握的树种，且要选择阳性与阴性，快长与漫长，乔木与灌木有机地组合成生态相对稳定的树丛。

树丛作为主景时，宜用针阔叶混植的树丛，观赏效果特别好，可配植在大草坪中央、水边、河旁、岛上或土丘山冈上，作为主景的焦点。在中国古典山水园林中，树丛与岩石组合常设置在粉墙的前方，走廊或房屋的角隅。

（4）群植

群植是由多数乔木、灌木（一般在 20～30 株以上）混合成群栽植而成的类型。树群主要表现群体美，树群也像孤植树和树丛一样，是构图上的主景之一。因此，树群应该布置在有足够距离的开阔场地上，如靠近林缘的大草坪，宽广的林中空地，水中的小岛屿，宽广水面的水滨，小山的山坡，以及土丘等。树群主要立面的前方，至少在树群高度的四倍、树宽度的一倍半距离上，要留出空地，以便游人观赏。

（5）列植

列植即行列栽植，是指乔木、灌木按一定的株行距成排成行地种植，或在行内株距有变化。行列栽植形成的景观比较整齐、单纯、气势大，它是规则式景观环境绿地，是道路广场、工矿区、居住区、办公大楼绿化中应用最多的基本栽植形式。

（6）林植

凡成片、成块大量栽植乔木、灌木，构成林地和森林景观的均称为林植，也叫树林。林植多用于大面积公园安静区、风景游览区或休养区、疗养区及卫生防护林带。树林又分为密林和疏林两种。

（三）景观照明的设计

景观环境中的照明设计是一项十分细致的工作，需要从艺术的角度加以周密考虑，犹如对待绘画，需要将形状、纹理、色调甚至质感等所有的细节与差异都予以精确的表达，从而产生优美、祥和以及与白昼完全不同的艺术效果。与其他艺术设计一样，灯光的运用应丰富而有变化。

对于像雕塑、小品以及姿形优美的树木，可使用聚光灯予以重点照明。聚光灯的投射能够使被照之物的形象更为突出。就像艺术展览馆中对待每一件展品一样，在光线的作用下使需要强调之处的微小变化得到充分的表现，又使一些不希望被人注意的情节得到淡化，甚至被掩盖。景观环境中的聚光照明也是一样的，用亮度较高、方向性较强的光线突出景物的明暗光影，使其以更为生动的形象吸引人们的视线，成为夜色中的主体。由于聚光照明所产生的主体感特别强烈，所以在一定的区域内应尽量少用，以便区分主次。

轮廓照明适合建筑与小品，更适合落叶乔木，尤其在冬天，效果更好。令树木处于黑暗之中，而树后的墙体被均匀、柔和的光线照亮，从而形成一种光影的对比。对墙体的照明应采用低压、长寿命的荧光灯具，冷色的背光衬托树木枝干的剪影给人以冷峻和静谧之感。若墙前为疏竹，则摇曳的翠竹和竹叶犹如一幅中国传统的水墨画。

要表现树木雕塑般的质感，也可使用上射照明，即采用埋地灯或将灯具固定在地面，向上照射。与聚光照明不同的是上射照明的光线不必太强，照射的部位也不必太集中。由于埋地灯的维修和调整都较麻烦，通常用以对一些长成的大树进行照明。而地面安装的定向投光灯则可作为小树、灌木的照明灯具，以便随小树的生长，随时调整灯具的位置和灯光。

灯光下射可使光线呈现出伞状的照明区域，而洒向地面的光线也极为柔和，给人以内聚、舒适的感觉，所以适用于人们进行户外活动的场所，如露台、广场等处。用高杆灯具或将其他灯具安装在建筑的檐口、树木的枝干之上，使光线由上而下地倾泻，在特定的区域范围内，可形成一个向心的空间。如果在其中举行一些小型的活动，或布置桌椅让游人品茗小坐，其感觉特别温馨、宜人。

室外空间照明中最为自然的一种手法是月光照明。利用灯具的巧妙布置，可以实现犹如月光般的照明效果。将灯具固定在树上适宜的位置，一部分向下照射，将树木枝叶的影子投向地面；一部分向上照射，将树叶照亮，就会形成光影斑驳、随风变幻、类似于满月时的效果。

景观道路的照明设计也可以予以艺术的处理，将低照明器置于道路两侧，使人行道和车道包围在秩序感的灯光中，犹如机场跑道一样。这种效果在使用塔形灯罩的灯具时更为显著，采用蘑菇灯效果也较好。这种方式在向下投射灯光的同时，本身并不引起人的注意。如果配合附加的环境照明光源，其效果会更好。

在景观环境中安全照明是其他照明不可替代的，因为人只有在看清周围的情况后才有安全感。如果人们不能看清行进前方有无障碍或缺陷，就有可能造成伤害，而对于缺少必要照明的墙隅、屋角、大树之下，人们常常会由于不了解那里的情况而产生莫名的恐惧。当然，对于造景而言，安全照明只是一种功能性的光线，在有可能的情况下，应与其他照明相结合。如果单独使用也需注意不能干扰其他照明。

景观照明设计中需要注意如下问题：随意更换光源类型会在一定程度上影响原设计的效果；用彩灯对花木照明，有时会使植物看起来很不真实；任由植物在灯具附近生长会遮挡光线；垃圾杂物散落在地灯或向上投射的光源之上会遮挡光线，使设计效果大打折扣；灯具光源过强会刺激人眼，使人难以看清周围的事物；灯具的比例失调也会让人感到不舒服。

第三节　景观规划设计的具体步骤

一、景观规划方案设计阶段

方案设计是设计人员根据设计任务书的要求，结合对所取得资料的分析、综合研究，提出设计原则，进行环境景观设计的具体工作。方案设计是为甲方选优提供的设计方案，最好提出两种以上的不同设计方案，以供甲方比较选择。

方案设计阶段的内容包括设计图纸和设计说明等。

（一）设计图纸

1. 设计项目的位置图

设计项目的位置图（图纸比例为 1∶5000 或 1∶10000）要表现出该项目在城市中的位置、轮廓、交通和四周街坊环境关系，以及可利用的外围借景。

2. 现状分析图

根据分析后的现状资料，通过归纳整理，形成若干空间，用圆圈或抽象图形将其粗略地表示出来。例如，对绿地四周道路、环境分析后，划定出入口范围；某一方位人口居住密度高，人流多，交通四通八达，则可划为开放的、内容丰富多彩的活动区域。

3. 功能分区图

根据设计原则和现状分析图确定该绿地分为几个空间，使不同的空间反映不同的功能，既要形成一个统一的整体，又要能反映出各区内部设计因素的关系。

4. 景观环境项目设计总体平面

景观环境项目设计总体平面图（图纸比例为 1∶500、1∶1000 或 1∶2000）用于综合表示：边界线、保护界线；大门出入口、道路广场、停车场、导游线的组织；功能分区活动内容；种植类型分布；建筑分布；地形、水系、水底标高、水面、工程构筑物、铺装、山石、栏杆、景墙；公用设备网络等。

5. 景观建筑布置图

根据设计原则，分别画出园中各主要建筑物的布局位置、主入口、平面图、剖面图、效果图，以便检查建筑风格是否和谐统一，与景区环境是否协调。

6. 道路系统规划图

道路系统规划图是在确定主要出入口、主要道路、广场位置和消防通道的同时确定次干道等的位置与形式，路面的宽度（确定主要道路的路面材料、铺装形式）等后绘制的图。它可用于协调修改竖向设计的合理性。在图纸上用细线标出等高线，再用不同粗细的线表示不同级别的道路和广场，并标出主要道路的高程控制点。

7. 绿化规划设计图

根据设计原则、现场条件与苗木来源等，确定设计项目区域和各景区的基调树种、不同地点的密林和疏林、林间空地、林缘、树丛、树林、树群、孤植树以及花草的种植方式等。确定景点的位置、通视走廊和景观轴线，突出视线集中点上的处理等。

8. 管线规划设计图

以总体设计方案、绿化规划设计图为基础，规划出水源的引进方式、总用水量、消防、生活、造景、树木喷灌等，管网的大致分布、管径大小、水压高低，以及雨水和污水的处理与排放方式、水的去处等。北方冬季需要供暖的，则需要考虑取暖方式、负荷量、锅炉房的位置等。其表示方法是在绿化规划设计图的基础上用粗线表示，并加以说明。

9. 电气规划设计

以总体设计为依据，设计出总用电量、利用系数、分区供电设施、配电方式，电缆的敷设，以及各区、各点的照明方式、广播通信等设置。可在道路系统规划图与竖向设计图的基础上用粗线、黑点、黑圈、黑块表示。

10. 表现图

表现图有全园或局部中心主要地段的鸟瞰图或主要景点透视图，以表现构图中心、景点、风景视线和全园的鸟瞰景观。其作用是直观地表达设计意图，以便检验和修改竖向设计、道路系统及功能分区图中各因素之间的矛盾。

（二）项目总说明书

项目总说明书是指项目分析、设计依据等概述，如总体构思和布局、技术经济指标及投资估算等。其主要内容包括：

1．现状概述

概述区域环境和设计场地的自然条件、交通条件以及市政公用设施等工程条件；简述工程范围和工程规模、场地地形地貌、水体、道路、现状建（构）筑物和植物的分布状况等。

2．现状分析

对项目的区位条件、工程范围、自然环境条件、历史文化条件和交通条件进行分析。

3．设计依据

列出与设计有关的依据性文件。

4．设计指导思想和设计原则

概述设计指导思想和设计遵循的各项原则。

5．总体构思和布局

说明设计理念、设计构思、功能分区和景观分区的内容，概述空间组织和园林特色。

6．专项设计说明

说明设计内容的有关方面，包括竖向设计、园路设计与交通分析、绿化设计、园林建筑与小品设计、结构设计、给水排水设计、电气设计。

7．技术经济指标

计算各类用地的面积，列出用地平衡表和各项技术经济指标。

8．投资估算

按工程内容进行分类，分别进行估算。

(三) 方案设计说明

当方案设计图纸和概算完成之后，还需要编写设计说明，说明设计意图。其内容主要包括：

第一，景观环境项目设计的位置、范围、规模、现状及设计依据。

第二，景观环境项目设计的性质、设计原则和设计目的。

第三，功能分区及各分区的内容，面积比例（土地使用平衡表）。

第四，设计内容（出入口、道路系统、竖向设计、山石水体等）的有关方面。

第五，绿化种植安排及理由。

第六，电气等各种管线说明。

第七，分期建园实施计划。

第八，将所有设计图纸和文本装订成册，送甲方审查。

二、初步设计阶段

在方案设计的基础上，对景观规划设计项目的各个局部地段及各项工程进行详细的设计。常用的图纸比例为1：500和1：200。

（一）设计图纸

第一，主要出入口、次要出入口和专用出入口的设计，包括景观建筑、内外广场、服务设施、绿化种植、景观小品、构筑物、景观照明等的设计。

第二，各功能区的设计，包括各区的景观建筑、室外场地、活动设施、绿地、道路广场、景观小品、山石水体、构筑物、景观照明等的设计。

第三，项目区内各种道路的走向、纵横断面、宽度、路面材料及做法、道路中心线坐标及标高、道路长度及坡度、曲线及转弯半径、行道树配植、道路透景线等的设计。

第四，各种景观建筑初步设计方案，包括平面图、立面图和剖面图，主要尺寸、标高、坐标、结构形式、建筑材料和主要设备等的设计。

第五，各种管线的规格、管径尺寸、埋置深度、标高、坐标、长度等，广播调度室的位置，音箱的位置，室外照明的方式和照明点的位置，栓的位置等的设计。

第六，地面排水设计，包括分水线、汇水线，汇水面积、明沟或暗管的大小、线路走向、进水口、出水口及窨井的位置等的设计。

第七，土山、石山的设计，包括平面范围、面积、坐标、等高线、标高、立面、立体轮廓、叠石的艺术造型。

第八，水体设计，包括河湖的范围、形状，水底的土质处理，标高，水面控制标高，岸线处理等。

第九，各种景观小品的位置、平面形状、立面形式的设计。

第十，园林植物的品种、位置和配置形式，确定乔木和灌木的群植、丛植、孤植及绿篱的位置，花的布置，草地的范围。

（二）投资概算

1. 概算编制说明

概算编制说明应包含以下内容：

①工程概况，包括建设规模和建设范围。

②编制依据，包括批准的建设项目可行性研究报告及其他有关文件；现行的各类国家有关工程建设和造价管理的法律、法规和方针政策；能满足编制设计概算的各专业设计文件。

③使用的定额和各项费率、费用确定的依据，主要材料价格的依据。

④工程总投资及各部分费用的构成。

⑤工程建设其他费用及预备费确定的依据。

⑥列出在初步设计文件审批时，需解决和确定的问题。

2. 总概算书

建设项目总概算由建安工程费、工程建设其他费用及预备费用三部分组成。建安工程费由各单项工程的费用组成。工程建设其他费用及预备费用按主管部门文件规定编制，可以参考业主提供的资料。

三、施工图设计阶段

施工图设计阶段是根据已批准的方案设计文件和要求更深入和具体化地设计，并做出构造大样。其内容包括：施工设计图、施工设计说明和做法说明、编制预算。

（一）施工设计图

在施工图设计阶段要做出施工总平面图、竖向设计图（高程图）、道路广场设计图、种植设计图（植物配植图）、水景设计图、景观建筑设计图、各种管线设计图以及假山、雕塑、栏杆、标牌等小品设计详图。另外，还需做出苗木统计表、工程量统计表和工程预算等。

1. 施工总平面

施工总平面图用于表明各设计因素的平面关系和它们的准确位置；放线坐标网，基点、基线的位置。其作用一是作为施工的依据，二是作为绘制平面施工图的依据。

施工总平面图图纸内容包括：保留的现有地下管线（用红色线表示）、建筑物、构筑物、主要现场树木等（用细线表示）；设计的地形等高线（用细黑虚线表示）、高程数字、山石和水体（用粗黑线外加细线表示）、景观建筑物和构筑物的位置（用粗黑线表示）、道路广场、园灯、园椅、果皮箱（用中粗黑线表示）等放线坐标网；做出的工程序号、透视线等。

2. 竖向设计图

竖向设计图用于表明各设计因素间的高差关系。例如，山峰、盆地、缓坡、平地、河湖驳岸、池底等具体高程，各景区的排水坡向、雨水汇集以及建筑、广场的具体高程等。为满足排水坡度，一般绿地坡度不得小于5％，缓坡为8％～12％，陡坡在12％以上。

3. 道路广场设计

道路广场设计图主要用于表明园内各种道路、广场的具体位置、宽度、高程、纵横坡度，排水方向，道路平曲线、纵曲线的设计要素，路面结构、做法、路牙的安排，道路广场的交接口、交叉口组织，不同等级的道路连接，铺装大样，同车道，停车场等。

4. 种植设计图

种植设计图主要用于表现树木、花草的种植位置，种类、方式、种植距离等。

5. 水景设计图

水景设计图用于表明水体的平面位置、水体形状、深浅及工程做法。

6. 景观建筑设计图

景观建筑设计图用于标明各景区景观建筑的位置及建筑本身的组合、选用的建材、尺寸、造型、高低、色彩、做法等。例如，一个单体建筑，必须画出建筑施工图（包括建筑平面位置图、建筑各层平面图、屋顶平面图、各个方向立面图、剖面图、建筑节点详图、建筑说明等）、建筑结构施工图（包括基础平面图、楼层结构平面图、基础详图、构件详图等）、设备施工图以及庭院的活动设施工程、装饰设计等。

7. 管线设计中

在管线设计的基础上，表现出上水（生活、消防、绿化、市政用水）、水（雨水、污水）、暖气、煤气、电力、电讯等各种管网的位置、规格、深等。

8. 假山、雕塑等小品设计图

小品设计图必须先做出山、石等施工模型，以便施工时掌握设计意图。照施工总平面图及竖向设计画出山、石的平面图、立面图、剖面图，并注明高度及要求。

9. 电器设计图

在电器方案设计的基础上，表明园林用电设备、灯具等的位置及电缆走向等。

（二）编制预算

在施工图设计阶段要编制预算。它是实行工程承包的依据，是控制造价、签订合同、拨付工程款项、购买材料的依据，同时也是检查工程进度、分析工程成本的依据。

预算包括直接费用和间接费用。直接费用包括人工、材料、机械、运输等费用，计算方法与概算相同。间接费用按直接费用的百分比计算，其中包括设计费用和管理费用。

（三）施工设计说明书

施工设计说明书的内容是方案设计说明书的进一步深化。施工设计说明书应写明设计的依据，设计对象的地理位置及自然条件，景观环境项目设计的基本情况，各种园林工程的论证叙述，景观环境项目设计建成后的效果分析等。

第二章　景观生态学与景观规划设计

第一节　生态景观设计的原则

一、生态景观设计的指导思想

（一）因地制宜的指导思想

1. 遵循地方性原理

我们常常惊叹桃花源般的中国乡村布局及美不胜收的民居，实际上它们多半不是设计师创造的，而是居者在居住地居住的长期体验中，在对自然深刻了解的基础上，与自然相互作用并不断进行创造性设计的结果。一个适宜于场所的生态设计，必须首先考虑当地人或是传统文化给予设计的启示。遵循这一原理主要表现为：尊重传统文化和乡土知识，适应当地自然环境和使用当地材料、植物和建材。设计应根植于其所在的地方。

2. 保护和节约自然资源

地球上的自然资源分为可再生资源（如水、森林、动物等）和不可再生资源（如石油、煤等）。要实现人类生存环境的可持续性，必须对不可再生资源加以保护和节约使用。

（二）与自然相结合的指导思想

1. 尊重自然

建立正确的人与自然的关系，尊重自然、保护自然。自然界在其漫长的演化过程中，形成一个自我调节系统，维持生态平衡。其中水分循环、植被、土壤、小气候、地形等在这个系统中起决定性作用。因此，在进行景观设计时，应该因地制宜地利用原有地形及植被，避免大规模的土方改造工程，尽量减少因施工对原有环境造成的负面影响，尽量减少对原始自然环境地变动。自然生态系统生生不息，不知疲倦，为维持人类生存和满足其需要提供各种条件和过程，让自然做功这一设计原理强调人与自然过程的共生与合作关系，通过与生命所遵循的过程和格局的合作，我们可以大幅减少设计的生态影响。

生态关系协调是指人与环境、生物与环境、生物与生物、社会经济发展与自然环境、景观利用的人为结构与自然结构以及生态系统与生态系统之间的协调。把社会经济的持续发展建立在良好的生态环境的基础上，实现人与自然的共生。

自然是具有能动性的。大自然的自我愈合能力和自净能力，维持了大地上的青山绿水。湿地对污水的净化能力目前已广泛应用于污水处理系统之中。生态设计意味着充分利用自然系统的能动作用。

在两个或多个不同的生态系统或景观元素的边缘带，有更活跃的能流和物流，具有丰富的物种和更高的生产力。生态边缘效应是指边缘带能为人类提供很多的生态服务，如城郊地区的林缘景观既有农业上的功能，又具有自然保护和休闲功能，这种效应是设计和管理的基础。然而，在常规的设计中，我们往往会忽视生态边缘效应的存在，很少会把这种边缘效应结合在设计之中。在城市或绿地水系的设计中，本来应该是多种植物和生物栖息的边缘带，但我们常常看到的是水陆过渡带上生硬的水泥护衬或石块铺装。

按照生态系统的原则，自然界中所有的东西都是完整生态循环系统的一部分。健康的生态系统，都有一个完善的食物链，在自然界中局部利益必须服从整体利益，短期利益也必须服从长远利益，举一个简单的例子，公园里的树木，把秋天的枯枝落叶撒向大地是为本年冬天取暖和来年为春天树木抽出新叶提供营养。有效合理地开发自然资源，必须考虑长远经济利益，保持乡土动植物种群，尊重各种生态过程，通过景观格局的合理设计来保证生物物种的多样性。成功的景观设计必定遵循生态设计的原则。

2. 让自然做功

让自然做功这一原理着重体现在：自然界没有废物，每一个健康的生态系统，都有一个完善的食物链和营养级，如秋天的枯枝落叶是春天新生命生长的营养；自然具有自组织或自我设计的能力，热力学第二定律告诉我们，当一个系统向外界开放，吸收能量、物质和信息时，就会不断进化，从低级走向高级，同样当一个花园无人照料时，便会有当地的杂草侵入，最终将人工栽培的园艺花卉淘汰。一池水塘，如果不是人工将其用水泥护衬或以化学物质维护，便会在水中或水边生长出各种水藻、杂草和昆虫，并最终演化为一个物种丰富的水生生物群落。

3. 展现自然

现代城市居民离自然越来越远，自然元素和自然过程日趋隐形，远山的天际线、脚下的地平线和水平线，都快成为抽象的名词了。自然景观及过程以及城市生活支持系统结构与过程的消失，使人们无从关心环境的现状和未来，也就谈不上对于生态环境的关心而节制日常的行为。因此，要让人人参与设计、关怀环境，必须重新显露自然过程，让城市居民重新感到雨后溪流的暴涨、地表径流汇入池塘；通过枝叶的摇动，感到自然风的存在；从花开花落，看到四季的变化；从自然的叶枯叶荣，看到自然的腐烂和降解过程。景观是一种显露生态的语言。

生态设计强调的是原生态与人工设计的结合。人为的因素是为更好地展示自然所必备的手段。在现实设计中，人类离自然越来越远，随着社会的发展，人类开始追忆自然的本来面貌，突显自然面貌就成了人们的向往，展示自然原来的模样就显得尤其重要。

4. 多样性

多样性导致稳定性。自然系统包容了丰富多样的生物，为生物多样性而设计，不但是人类自我生存所必需的，也是现代设计者应具备的职业道德和伦理规范。对这一问题，生态设计应在三个层面上进行，即：

保持有效数量的乡土动植物种群；保护各种类型及多种演替阶段的生态系统；尊重各种生态过程及自然的干扰，包括自然火灾过程、旱雨季的交替规律以及洪水的季节性泛滥。自然风景保护区、风景区、城市绿地是世界上生物多样性保护的最后堡垒。曾一度被观赏花木、栽培园艺品种和唯美价值标准主导的城市园林绿地，应将生物多样性保护作为最重要的设计原则。在每天都有物种从地球上消失的今天，乡土杂草比奇花异草具有更为重要的生态价值，通过生态设计，一个可持续的、具有丰富物种和园林绿地系统，才是未来城市设计者所要追求的。

(三) 经济性原则

尽量采取简单而高效的措施，对能源和资源充分利用和循环利用，减少各种资源的消耗。多选用本地建筑材料，对废弃材料进行分类筛选，化腐朽为神奇，既节省原材料，又能产生意想不到的艺术效果。

1. 保护不可再生资源

保护不可再生资源，作为自然遗产，不在万不得已，不予以使用。在东西方文化中，都有保护资源的优秀传统值得借鉴，它们往往以宗教戒律和图腾的形式来实现特殊资源的保护。在大规模的城市发展过程中，特殊自然景观元素或生态系统的保护尤显重要，如城区和城郊湿地的保护、自然水系和山林的保护。

2. 能源使用的高效性

尽可能减少包括能源、土地、水、生物资源的使用，提高使用效率。设计中如果合理地利用自然的过程，如光、风、水等天然清洁能源，则可以大大减少能源的使用。新技术的使用往往可以数以倍计地减少能源和资源的消耗。城市绿化中即使是物种和植物配植方式的不同，如林地取代草坪，地带性树种取代外来园艺品种，也可大大节约能源和资源的耗费，包括减少灌溉用水、少用或不用化肥和除草剂，并能自身繁衍。不考虑维护问题的城市绿化，无论其有多么美丽动人，也只是一项非生态的工程。

3. 再用

利用废弃的土地，原有材料，包括植被、土壤、砖石等服务于新的功能，可以大大节约资源和能源的消耗。在城市更新过程中，关闭和废弃的场地可以在生态恢复后成为市民的休闲地，在发达国家的城市景观设计中，这已经成为一种潮流。

4. 生态系统中的循环再生

是指旧的事物分解，新的物质生成，周而复始的过程。再生原则认为：自然界中的物质、资源是有限的，因此，成熟的自然生态系统必然表现出对物质、资源的高效与循环利用。在自然系统中，物质和能量流动是一个由"资源—消费中心—汇聚"构成的闭合环循环流。而在现代城市生态系统中，这一流是单向不闭合的。因此在人们消费和生产的同时，产生了垃圾和废物，造成了对水、大气和土壤的污染。土地资源是不可再生的，但土地的利用方式和属性是可以循环再生的。从原野、田园、高密度城市到花园郊区、边缘城市和高科技园区，随着城市景观的演替，大地上的每一寸土地的属性都在发生着深刻的变化。工业的生态设计要求工业生产流程的闭合性，一个闭合的生产流程线可以实现两个生态目标，一是它将废物变成资源，取代对原始自然材料的需求；二是避免将废物转化为污染物。

5. 共生

共生是指不同种有机体和小系统间的合作共存和互惠互利的现象，其结果是系统有序。共生要求我们善于因势利导地利用一切可以运用的力量，特别注意和自然环境的结合，达到小系统间的相互合作与共存。

（四）过程性原则

视觉生态——种景观美学，它反映了人对土地系统的完全依赖，重新唤起人与自然过程的天然的情感联系，在生态—文化与设计之间架起桥梁。

人与生物之间的共生，被称为"生物恋"，人与土地和空间之间的依恋关系，被称为"土地恋"。它提醒我们人类是被设计出来生活在自然之中的。生态设计响应了人们对土地和土地上的生物之依恋关系，并通过将自然元素及自然过程的显露来引导人们体验自然，来唤醒人们对自然的关怀。这是一种视觉生态审美。

（五）乡土化原则

1．注重传统文化的延续与创新

文化作为历史的投影，是在一个特定的空间发展起来的。世界上不存在超越时空的文化，不同的民族在不同的生活环境中逐渐形成了各具风格的生产方式和生活方式，产生了各种文化类型。即使同一民族，因为生活环境和文化自身的运动，在不同的历史阶段也会呈现出各异的特征。所以，一个适宜于场所的生态景观设计，必须首先考虑当地人的接受能力或是传统文化给予设计的启示。

2．当地的自然资源

"当地的自然资源"通常指的是大量的地方性的建材和植物材料。植物和建材的使用，是设计生态化的一个重要方面。在古代，由于交通技术的限制，一般都采用当地的资源如石材、木材、砖瓦等。但随着科技的发展和交通的便利，人们为了达到一己之奇想，总喜欢四处网罗奇材。其实，使用当地的材料，不仅可以节省运输所需的时间以及相关花费，还可大大减少对异地生态环境的破坏及相关运输路途中对环境的污染。并且，运用当地材料的设计作品更能体现朴实、浓郁的地方传统风格，令人产生强烈的场所感和归属感。乡土植物是指经过长期的自然选择及物种演替后，对某一特定地区有高度生态适应性的自然植物区系成分的总称。它们是最能适应当地大气候生态环境的植物群体。除此之外，使用乡土物种的管理和维护成本最少，还能促使场地环境自主更新、自我养护。另外，因为物种的消失已成为当代最主要的环境问题。所以保护和利用地带性物种也是时代对景观设计师的伦理要求。

3．尊重场所自然演进过程

现代人的需要可能与历史上该场所中人的需要不尽相同。因此，为场所而设计绝不意味着模仿和拘泥于传统的形式。生态设计告诉我们，新的设计形式仍然应以场所的自然过程为依据，依据场所中的阳光、地形、水、风、土壤、植被及能量等。设计的过程就是将这些带有场所特征的自然因素结合在设计之中，从而维护场所的健康。

4．场所精神传达生态保护理念

"场所精神"可以简单地理解为环境场所具体现象特征的总和或

"气氛"。生态保护理念通过场所精神传达出来，给人们一种亲身感受的体验。景观生态设计所创造的场所，不仅要注重当地文化的继承和延续，而且能够通过场所精神将生态保护的教育意义表达出来，给人们留下深刻的印象。场所生态保护教育意义的产生可以直接衡量景观设计的生态目标的状况。

二、生态景观设计原则

（一）因地制宜原则

景观设计基址所处的生态系统的类型随地理位置的不同而不同，每一基址所处生态类型都和所处地区和范围相关，存在不同的生态条件。反映在景观设计中就是要考虑特定区域内的"自然"要素，如植被、野生动物、微生物、资源及土壤、气候、水体等，只有植根于自然条件下，景观才能更好地发展，即设计要适宜于特定场所、特定区域内的要素、风土人情及其传统文化，满足特定区域与人群的要求，同时挖掘其内涵。特定区域内的资源环境，如人工材料和自然材料（如动物和植物材料）。利用这些材料将达到因地制宜的效果，并且可以降低成本，而且当地的各种资源在生态地位中的作用已经固定，利用它们对维护生态的平衡与发展起到较好的作用。

（二）多样性原则

生态系统的结构愈多样、复杂且抗干扰的能力愈强，也就易于保持其动态平衡的状态。在结构复杂的生态系统中，当食物链（网）上的某一环节发生异常变化，形成能量、物质流动的障碍时，可以利用不同生物种群间的代偿作用加以克服。在景观设计中尽可能增加绿地的功能，如使一个空间具有多种用途，使得我们的设计充分服务于人。多样性的原理还体现在动植物的种类上，生物的多样性即遗传多样性，物种多样性等。人工环境中动植物的种类越多，表明人工生态系统越接近自然生态系统、越稳定，生态恢复越成功。

（三）节约原则

节约原则表现在景观设计中就是要尽量减少资源、能量的消耗和废物的排放。在设计过程中可以通过采取如下措施达到节约资源、能量的目的，保护不可再生资源；对于废弃物进行利用和改造；设计过程中尽量地利用自然条件减少能源的消耗，提高使用的效率；合理利用光、风、水、温度等自然要素，避免大量使用单一耗能要素等。设计中充分考虑资源再生要素，如自然界中的植物是自生自灭、自然繁衍的，在景观设计中我们的植物设计也可以利用生命循环往复的自然规律。

（四）局部补偿原则

城市在提供人们舒适的生活空间的同时又给人们带来了众多的负面效应，如噪声、释放的废气尘埃、大量废物等。城市景观设计过程中可以尽量减少这些负效应的存在。如植物可以滞尘、降低噪声和减少废气污染；瀑布、水帘的水流声音也可降低噪声的存在，为居民提供一个较为接近自然的幽雅环境；宽敞的绿色空间可以缓解城市中心拥挤的压力，为人们提供休闲放松的环境。这都是针对城市局部产生的环境问题进行的局部补偿。

（五）适宜原则

景观不仅是美的，同时也承担一定使用功能。景观首先是适宜人休闲、游憩的公共空间。因此景观生态设计要满足适宜性原则，如公共设施满足不同人群的使用需求；尺度适宜，不铺张浪费；审美取向健康向上，满足大部分人群的审美需要，激发人们的归属感和对生活的热情；景观能够持续较长时间，适宜长时间观赏的需要等。

（六）方便与安全性原则

方便与安全历来是一个合理设计所必须关注的焦点。发展旅游就要给人以舒适安全之感，能够全身心地投入大自然，尽情地享受自然带来的快乐。涉及的方面主要包括，交通设施，公共配套服务设施和服务方式齐全。在安全方面，既要考虑当地居民、旅游者、工作人员的日常安全，又要考虑突发情况下的安全，如火灾、地震、洪水等，因此设计防灾设施和避难场所是必需的，努力创造和谐的活动空间。考虑方便与安全也就是更好地处理功能与形式之间的关系，总之，生态设计是传统设计的提高，是设计发展的必经阶段，要求我们所做的设计要尊重自然，观察自然的演变规律，使设计与自然并行不悖；尽量减少盲目的人工改造工程，开发景观的过程也要关注后期的维护和保养，注重成本的控制；设计的目的是自然生态化的艺术处理。生态就是要环境和谐，需要考虑多方面的因素。而且还要注意结合当地居民的要求，营建景观时，尽量避免对原有环境的有意的破坏；除此之外，设计要尊重场地中的其他生物的需求；要尽量保护和利用好自然资源，尽量减少能源消耗等，从而创造出更加适合人们欣赏与感知的景观环境。

第二节　生态景观设计方法

一、人文融合

（一）人文融合原则

以科学发展观为指导，遵循可持续发展原则，以人文元素为特色，维护长远发展和建立良好的生态景观设计，将保护和开发相结合，注重保护文物古迹和挖掘地方文化，以实现景观的生态、人文等各方面的长远利益和协调发展。生态景观设计需要尽可能少地干扰和破坏自然系统的自我再生能力，尽可能多地使被破坏的景观恢复其自然的再生能力，最大限度地借助于自然再生能力而进行最少设计，这样设计所实现的景观便是可持续的景观。它必须使当代人在享受自然生态景观与人文元素的机会同时，给后代人创造更有潜力挖掘自然资源的机会。并且，在感受生态景观的全过程中，能启发人们进行生动的、具体的、可持续发展的生态景观设计，使景观成为一项可持续发展的绿色产业。

（二）人文融合方式

1. 自然资源融合

（1）注重生态自然旅游资源与环境保护

保护现有自然环境，荒山荒地应抓紧实现以森林覆盖为主的绿化，最大限度地增加林地面积，做好造林抚育工作，使地形地貌不受到破坏，山石水体不受到污染，动植物生长不受到阻碍，生态系统平衡不受到伤害。例如，在山体上种植一些茶树，既可以传承茶文化，也可以保护自然资源。总体目标蓝天碧水，林深草密，清新自然。

（2）注重水体资源与环境保护

水质治理是切入点，水体质量一旦遭到破坏，其净化的代价往往非常大，对于旅游业的发展也将形成最大阻碍。对此我们可以这样做，通过在水体中种植可以净化水体的藻类，放养鱼类，既可以开发成为休闲垂钓中心，也可以保持水体资源环境的平衡发展。

（3）保持山体风貌

在旅游景区和游览道路的景观范围内，严禁开采山石，要保持山体风貌的整体性和观赏性。采用"游住分离模式"，最好不要在山上建各类接待设施，例如，钓鱼台附近计划开展攀岩活动，其上方不宜修建别墅之类的设施，应保持其自然风貌，划定适当保护范围，保护地质、地貌旅游资源。

（4）发展生态农业观光游

种植油菜、水稻、地方特色银杏的植物群落。春季，一片片金黄色的油菜花。秋季，一块块金黄色的稻田、一颗颗褐黄色的板栗、一串串橘黄色的白果、一片片淡黄色的银杏叶满目金黄，呈现出沉甸甸的丰收气象。既可观赏，又可收割，既有经济效益，又能宣传地方特色，着力打造生态农业与现代文明交相辉映的绿色景观典范。

（5）遵循地带性植被的生物学规律

应用植物生态位互补、互惠共生的生态学原理，科学配置人工植物群落，表现绿化植物的形体美、色彩美、韵律美和季节动态美等要素，突出林地的美学观赏功能，创造富有诗情画意的优美景色，满足人们观光、休闲、游憩的需要。

2. 人文元素及其环境保护

（1）保护人文社会资源

注重保护民俗民风博物馆，如胡氏祠、蔡氏祠、胡氏，伍氏，周氏，蔡氏等几个姓氏的几十本族谱、族规、界碑及修祠纪念碑。保护当地乡土民情，其中古朴民居、居民的生活活动方式既是生态旅游景观中被观赏的对象，也是景点。

（2）充分挖掘当地历史文化内涵

组织专门机构、专人，分门别类进行收集整理历史文化与民众资源、编辑、出版相关文化、民风民俗、民间艺术、小说，使其成为旅游产品的组成部分，既可提高旅客的探秘、探知兴趣，同时也是提高旅游区文化品位的要求。例如，通过摩崖石刻的设计手法，让游人了解当地文化，或通过农家乐的方式，带动民众参与休闲娱乐，了解当地历史了解当地文化。

（3）传承文化典故

以当地农耕文化的石磨、水车、风车、织布机等古老的劳动工具作为风俗风情展示。传承农耕文明，发扬当地风俗风情。通过"五老树""银杏至尊"等神话传说的典故，传承银杏谷文化，弘扬中国传统。

（4）严禁毁坏文物，杜绝人工建设与周围环境不协调的状况

以千年银杏村的银杏叶为设计元素，将现代的大门、雕塑，通过融入人文元素的设计方法，使其成为既生态，又具有人文元素的生态景观设计。

二、技术创新

（一）新技术手段

现代社会给予当代设计师的材料与技术手段比以往任何时期都要多，现代设计师可以较自由地应用光影、色彩、声音、质感等形式要素与地形、水体、植物、建筑与构筑物等形体要素创造环境。

高超而精湛的结构技术的处理技巧，对现代设计作出了不朽的贡献，高技术使他们更能显示出喷涌不绝的艺术灵感，并为整个社会创造出一系列具有强烈时代感的生态景观设计。技术是人类文明的一部分，高技术不是其本身的目的，它是实现社会目标与更加广泛的可能性的一种手段。

（二）材料创新

由于科技的发展、新材料与技术的应用，现代园林设计师具备了超

越传统材料限制的条件，通过选用新颖的建筑或装饰材料，展现出只有现代园林才能具备的质感、色彩、透明度、光影等特征，或达到传统材料无法达到的规模，这在一些具有创新或前卫精神的设计师身上反映突出。

技术在景观设计的运用中从单纯的使用技术到现今的表现技术，好的景观作品应该是技术与艺术的结合。一个技术上完善的作品，有可能在艺术上效果甚差，由此看来，良好的技术对于良好的景观来说，虽不是充分的，但却是一个必要的条件。对于景观设计来说，既具有由服从于客观要求的物理结构所构成的技术层面的问题，又具有旨在产生某种主观性质的情感的美学意义——艺术层面的问题。这种两重性式的构成使景观设计处于一个非常特殊的领域。因为在其他艺术中制约艺术创作的技术手段不会如此有决定性的意义。遗憾的是，现今的景观作品和评论几乎都是立足于美学的或形式主义的观点，而很少从技术方面予以评价和理解。与建筑设计一样，景观设计也是在不断解决技术问题中逐渐发展的。

（三）高技术

高技派的特点在反映现代人群生活风貌的审美上有独特的优势，它摒弃传统局部的形态装饰，在追求高科技时代象征的今天，有着无以替代而独领风骚的景观特征。但许多景观设计却流于表面的形式感，过分强调图案化的视觉效果，缺乏应有的真实技术表现的理性思想基础，不可否认设计师的思维方式和设计观念是其中重要的一环。除了与当今生态技术运动紧紧相随以外，中国的景观设计走较为朴实、简洁的道路与地方环境和地方特色结合的乡土主义道路，少一点技术的情绪性，多一点技术的理性。

现代景观是多学科交叉结合的学科，设计师想要使景观作品呈现出多元化，充满活力，就要求景观设计师拥有多学科的知识储备和开放的求知精神。我们在学习西方的新技术景观设计的时候，在关注其高技术的物质表层的同时，更为重要的是对其背后的科学思想、科学方法、科学精神对于设计思想启蒙，思想解放的作用进行发掘。也许只有这样才能摆脱高技术运用形式化的束缚，才能以求真的艺术追求和科学理性的方法走出一条中国高技术景观自己的道路，走出中国景观充满活力的多元化、科学化之路。

对废弃材料的再利用的设计被越来越多的人所接受，这类设计以生态主义原则为指导，不仅在环境上产生了积极的效应，而且对城市的生活起到了重要的作用。工业设施和厂房被改建成餐饮、休息、儿童游戏等公园设施，原先被大多数人认为丑陋的工厂保留了其历史、美学和实用价值。工业废弃物作为公园的一部分被利用能有效地减少建造成本，实现了资源的再利用。

现在越来越多的设计师在思考他们作品中科技所代表的意义与目的时，总是殷切地期盼着如何将地方技术、地方文化与科技文化的时代性同时表现在他们的作品中，利用高技术诠释传统文化，在现代建筑中融入历史文脉与地域的人文元素。许多好的作品不同程度地反映了地域文化特征，这是尊重自然环境和人文环境的必然结果。

（四）新技术运用的生态化趋势

随着生态设计观念和结合自然的设计观念的逐渐深入人心，有越来越发达的高科技的支持，景观设计的生态观念必然有进一步的发展，人们在利用技术文明极大丰富物质世界的同时，必须重新调整人与自然的关系，抛弃消耗型的发展模式，使自然得到合理、适度的开发，以健康的方式融入人类环境，逐步形成了新的自然观。在新的自然观基础上衍生的景观设计将更注重生态化和资源化，因此今后的技术运用更加强调自然本身的健康状态和存在质量，发展一种在地域自然生态意义上可持续发展的景观。立足于地域特性的自然环境，体现地域自然生态的特征和运行机制，考虑自然环境的可能和限制，实现现代技术与地域环境、资源的结合。尊重地域、自然、地理的特征，使用地域性自然材料。反对以消耗大量能源和后期投入大量维护为前提条件的景观设计，新技术的运用从原来的能耗型、破坏型向生态型、可持续型转变。技术的运用以发挥自然自身的能动性为前提，从而建立和发展良性循环的生态系统。依靠科学技术的发展来缓解经济发展对生态环境的影响，优化人类的生存环境，是目前环境改造过程中使用的主要手段，其效果也是比较直接有效的。景观设计与材料、工艺关系密切。

例如目前比较常见的高新技术主要有太阳能发电、水系统的平衡、土壤环境的优化、可持续景观种植等，人们通过这些技术的使用，为自己创造了最适合的温度、湿度和透气的生活环境。

景观环境中使用过的石材、木材均难以通过工业化的方法加以再生、利用，一旦重新改建，大量的石材与木材会沦为建筑"垃圾"造成二次污染。因此，这些高新技术产品并不能从根本上解决生态环境逐渐恶化的问题。高新技术的运用是建立在快节奏的社会基础之上的，追求的是速度和效率。而生态景观讲究的是环保，是人类与自然的和谐统一，追求的是亲近自然、更加原生态的生活。所以，高新技术的使用过程中要注意掌握一定的"度"，要综合考虑其对生态环境发展有利的一面和有害的一面。取其所长，避其所短。

（五）低技术

任何设计的实施阶段都需要材料和技术的支持，正确、合理地选用材料是必然的，但是，技术对于设计的影响程度到底有多大，这是一个需要考虑的问题。对于生态设计来说，高新技术在其设计中的重要性有多少？是否除了高新技术就没有其他的方式？该如何使用高新技术，才能实现资源和技术的最优化目标？是否可以找到一些技术水平一般但是可以实现生态目的的设计？

科技的进步，促使人类不断研究、开发新材料。每种材料的发现与使用，都会给人类的生产生活带来巨大改变，促进人类社会的物质文明的进步。因此，人们常把新材料的出现作为社会发展的基础，新技术的应用也为生态景观设计的发展提供物质保证。

低技术，主要指的是使用的建材和技术不包含现代工业的成分，而是直接从大自然中取材，建造一些和自然环境相适应，既满足人类生活需求、又满足生态环境的需求。实际上，通过低技术方式建设景观，不单单是一种景观设计的形式和方法，它还是一种生活态度，一种生活状态。因为低技术使用的是纯天然的材料，是一种比较接近自然的代表，它更准确地体现了生态生活的需求，符合现代都市生活下人们追求平淡生活的需要。

如果说在高技术生态建设中营造朴实、自然的空间形态有时略显矫揉造作，那么低技术的生态空间形态往往呈现给我们一种真实的生态体验。陕西地区的窑洞是一种符合当地自然条件和经济发展状况的建筑，同时这种建筑也在无声无息中影响着人们的生活习惯和生活态度。使用在窑洞中储备的水，可以让人时刻感受到水有用完的时候，真切体会到水资源的稀少，很自觉地养成节约用水的习惯。而生活在全部用泥土构建的空间中，让人们可以时刻触摸着土地，嗅得到泥土的气息，这是一种接近自然的生活方式，养成了自然、淳朴的民风。对低技术工艺的研究，主要是为了把它们应用到现代化城市建设中来，让它们可以互相融合，共同实现生态景观设计的最终目的，最终实现人类居住环境和居住状态的全面环保。

三、建立微型自然保护区

建立微型自然保护区可以借鉴法国里尔生态岛、悬空自然保护区的设计。景观设计中，在对城市中具有保留价值的自然生物群落进行保护的过程中，可以采用建立微型自然保护区的方法。通过建立微型自然保护区，可以培育和保护生物栖息地，并将人类的干扰减至最小。这种方式直接而具有很强的可操作性，体现设计者对自然的敬畏、信任和探求。

建立微型自然保护区运用了让自然做功，减少人为对自然的干预原理。自然生态系统生生不息，不知疲倦，为维持人类生存和满足其需要提供各种条件，这就是所谓的生态系统的服务。让自然做功就是强调人与自然过程的共生和合作关系，通过与生命所遵循的过程和格局的合作，我们可以显著降低设计对生态环境的负影响。在城市的中心，建立微观自然保护区成为保留自然遗迹的较好方法。建立微型自然保护区要注意以下几项内容：

（一）要确定保护对象

即城市生态系统演替过程是具有一定历史价值，或者代表一定地方特色的生物群落。可以是一片废弃工业园保留的树林，也可以是城市中有小动物出没的草丛或洞穴。

（二）划定一定的保护范围

由于微型自然保护区范围一般都很小，因此保护范围主要是生物群落所处的范围，也可以适当将范围扩大，以免保护区过多地受到人类的干扰，遭到破坏。

（三）结合警示标语和场地设计

环境保护，人人有责，设计师通过一定的警示标语、场地设计来引导游人和附近的居民参与环境保护的行动，发挥保护环境的教育作用。城市生态系统中生物链极其简单，容易受到外界干扰而被破坏。参照政府对具有重要生态价值的区域进行保护时建立"自然保护区"的办法，在城市中为特定的生物群落建立微观自然保护区不失为一种可行的生态设计方法。

四、保留再利用设计

20世纪70年代后随着工业时代向后工业时代的转变，出现了大量的工业废弃地。保留再利用开始作为一种主要的生态景观设计手法运用于对后工业时代工业废弃地的改造。

在后工业景观设计过程中，景观设计师面对曾经有过辉煌历史的工业元素和工业遗留的痕迹，选择尊重场地现状，采用了保留、艺术加工等处理方式并对景观进行再创造。保留再利用体现了设计师对场地的尊重和当地文化的继承、延续。选择废弃工业中具有典型意义的片段，使其成为生态恢复后景观的标志，还可以基于地表痕迹进行艺术加工，如厂址废弃地就是一些艺术家偏爱进行艺术创作的地方，通过艺术创作，提升这些地方的景观价值。保留人类活动过的场地以及历史遗存，不仅可以营造独特的景观，而且在节约资源、保护生态方面发挥重要作用。如保留一些人们采石、挖土等工业现场，结合大地景观设计可以获得非常好的效果。

生态景观设计中经常会运用保留再利用的生态设计手法，在进行保留再利用设计的过程中有如下几点需要注意：

（一）分析

要对场地的现状和历史进行全面了解，对那些具有特殊意义的建筑、构筑物、植物群落等进行分析和比较，在满足景观整体设计意图的条件下，确定哪些要拆除，哪些要保留。

（二）保留

景观设计的一个重要目标就是要为不同的人群服务，因此保留下来的建筑、构筑物等要结合设计需要通过适当的改造使其具备一定的使用功能，如德国北杜伊斯堡景观公园混凝土墙体改造成为攀岩训练场、高炉改造成观景台、铸造车间改成电影剧场等。

（三）保留再利用

保留再利用的建筑、构筑物、植物群落等相互关联，形成一定的关系和景观序列，绝不是随意地堆砌。

保留再利用要致力于当地生态环境的生态恢复，对生态环境有重要价值要素的应制定专门的保护方案，尽快实现生态恢复。如唐山南湖湿地公园，保留了大量对湿地的生态环境稳定有着重要作用的芦苇生长区域。

保留再利用还要结合当地的历史文化，在空间设计上加入一定公共艺术的成分，不论从环境还是历史方面给人们一定教育意义。

五、利用水保护水打造特色水体景观

没有有效地利用城市雨水资源，是目前我国城市面临的普遍问题。一些平均降水量较大的城市仍然面临着各种各样水资源短缺的困扰。城市的地下水位逐年下降，主要原因是城市的建筑、道路和停车场仿佛是一张"密不透风"的网，雨水很难渗入地下，也就无从补给地下水。

城市湿地在雨水利用、保护水资源、调节局部小气候方面发挥重要的生态作用。借鉴美国波兰特雨水花园和成都活水公园的设计经验，城市湿地景观设计可以结合利用雨水，保护水资源的生态理念通过生态设计的方法完成特色的湿地景观设计。

充分利用天然降水，使其作为水景创作主要资源。尽量避免硬质材料作为地面铺装，最大限度地让雨水自然均匀地渗入地下，形成良好的地表水循环系统，以保护当地的地下水资源。减少水资源消耗是生态原则的重要体现之一，在景观设计中，回收的雨水不仅可以用于水景的营造、绿地的灌溉，还可以用作周边建筑的内部清洁。通过保护水生动植物的多样性，使水体产生自净能力。水生植物净化水质，是利用许多水生植物特别是水生维管束植物能够大量吸收营养物质，或降解转化有毒有害物质为无毒物质的性质。在废水或受到污染的天然水体中种植大量耐污染、净化能力较强的水生高等植物，使其通过自身的生命活动将水中的污染物质分解转化或收集到体内，恢复水域中的养分平衡，同时通过水生植物的光合作用放出氧气，增加水中溶解氧含量，从而改善水质，减轻或消除水污染。

水体景观设计中可以通过下面的方法达到利用水、保护水的生态保护目的：

（一）采用天然水

采用的"水"必须是天然水即雨水或附近的江水、湖水。如果用自来水或饮用水必然造成水资源的浪费，这与生态环境保护的目的背道而驰。

（二）尊重自然规律

尊重水自流和向地下渗透的自然规律，通过地势和地表铺装的处理，使水体自然流动，或缓或急或高或低，形成丰富的景观，同时使水流大量渗入地下，多余的水还可以储存用于园林植物的灌溉。

（三）边缘处理，师法自然

借鉴自然溪流和湖泊的边界的形式，避免水泥护岸，使水体边缘形成丰富的植物景观。

（四）保护水生动植物的多样性，使水体恢复自净能力

要想使水体产生自净能力，首先要减少人类对水环境的干预，景观设计师可以通过场地精神的表达使人们认识到水资源的宝贵，并积极行

动起来保护水环境。如成都活水公园，利用自然的净水能力，使死水变成了活水，对游人及周围的城市居民具有重要的教育意义。

第三节 生态景观设计的实践发展

一、生态治理与恢复

随着生态主义思想的不断深入，在城市的景观规划与设计中，人们越来越重视生态治理与恢复设计的重要作用。近几十年来，世界上许多城市对其工业废弃地的生态恢复与再利用进行了大量的研究与实践，并取得了一定的成果。

二、示范型生态景观的实践及作用

在我国，示范型生态景观的实践活动在 20 世纪末期逐步展开。早在 20 世纪 90 年代，广东深圳特区的"箐箐世界"中已经出现了以废旧轮胎、回收易拉罐等组成的景观形式。这是景观设计师实现他们对示范型生态景观理解的雏形，在当时的景观设计领域产生了巨大的反响。此后，国内的其他地区也先后出现了不同形式的示范型生态景观。下面以几个例子来具体说明。

(一) 成都活水公园

20 世纪 90 年代末，世界上第一座高扬水保护旗帜的主题公园——活水公园在成都建成，标志着示范型生态景观在城市中的发展日趋成熟。设计师从两个角度进行设计，展示了锦江支流的净化过程。首先，建立了完善的人工湿地生态系统，对水体净化过程中所涉及的一系列溪流、池塘等都一一进行了展示。污水的沉淀、吸附、氧化还原、微生物分解等过程，一目了然。其次，在整个系统的旁边安置了不同形式的解说牌，以中英文对照的方式说明如何通过自然作用净化水。该设计对游人，尤其是来参观的儿童进行环保宣传和教育大有裨益。公园的整体布局呈"鱼形"，由鱼嘴而入，走向鱼尾的整个游览序列充分展示了健康与活力，更突出其生态美，以"鱼水难分"的成语借喻水是生命之源。

作为全世界少数几个在城市中心建造的水源生态处理场所，成都活水公园是难得的环境教育范本。它通过每一个设计元素，在带给人们视觉审美享受的同时，激发其对自然环境的关注与热爱，并向人们展示了一种保护水体生态环境的示范型景观模式。

（二）北京奥林匹克森林公园与中心景区

21 世纪初，在北京市举办的奥林匹克森林公园与中心区景观设计方案国际征集活动中，所有的应征方案都出现了示范型生态景观。

在以展示湿地水处理为主题的"通向自然的轴线"景观设计方案中的"芦汀花溆"景区内，设计了专门的科普教育基地，向人们展示湿地净化水的过程。北京土人景观规划设计研究院的方案中，同样也出现了具有教育意义的水循环系统，以水渡槽为主体，提升森林公园的湖水水质。北京园林学会设计联合体的设计方案则以梯田的形式，利用"中水过滤系统"，使中水从湿地过滤后，经过两条自然式溪流排入湖区，湖滨的小湿地则采用了"湖水自洁循环系统"。此外在方案中还设计了两个太阳能生物污水处理系统，与生态展示相结合，进行生态示范教育。

（三）生态旅游

广东省中山市岐江公园，园址原为中山著名的粤中造船厂旧址，总面积 11 公顷，其中水面 3.6 公顷，水面与岐江河相联通。场内遗留了不少造船厂房及机器设备，包括龙门吊、铁轨、变压器，等等。作为工厂，它不足称道。但几十年间，粤中船厂历经新中国工业化进程艰辛而富有意义的历史沧桑，特定年代和那代人艰苦的创业历程，也沉淀为真实并且弥足珍贵的城市记忆。而在当今轰轰烈烈的城市建设高潮中，这种记忆是稍纵即逝的，为此，我们保留了那些刻写着真诚和壮美、但是早已被岁月侵蚀得面目全非的旧厂房和机器设备，并且用我们的崇敬和珍惜将它们重新幻化成富于生命的音符。

岐江公园的景观设计通过视觉与空间的体验传达三个方面的含义：

第一，足下的文化。即在一个普通造船厂所诠释的那片土地上保留那个时代、那群人的文化。除了保留诸如烟囱、龙门吊、厂棚等这些文化的载体外，还通过新的设计把设计师对这种文化的感觉通过新的形式传达给造访者，如被称为静思空间的红盒子以及剪破盒子的直线道路；生锈的铸铁铺装；等等。

第二，野草之美。野草不自美，因人、因设计而美。在不同的生态环境条件下，用水生、湿生、旱生乡土植物——那些被农人们践踏、鄙视的野草，来传达价值观和审美观。并以此唤起人们对自然的尊重，培育环境伦理。

第三，人性之真。小时候穿越铁轨时的快感，在这里变为一种没有危险的游戏，使冒险、挑战和寻求平衡感的天性得以袒露；人对水的向往、对空间的探幽天性等，都通过亲水栈桥和平地涌泉、树篱方格网的设计而得以充分体现。

建成后的岐江公园以浓郁而健康的工业化色彩吸引了中外目光。园区最大的特色是原厂房和机器设备经过重新处理，成为色彩鲜明、造型前卫的工业雕塑和极富现代气息的休闲场所。一些水泥、钢结构的设施经过重新包装竟然表现出深刻的哲学意味，将工业时代的奇迹和真理揭示得非常到位。而铺装、喷泉更大量地使用原有的花岗岩和生锈的铸钢，废旧的材料经过设计处理成为极富光彩的精品。公园的另一个突出特色是由纵横的直线步道构成的蜘蛛路网结构，它彻底抛弃了传统园林的园无直路、小桥流水和亭台楼阁的固有设计手法。为渲染历史氛围，还设计了表现英雄主义时代精神的红色静思空间等场所，配合整体景观和文化感觉，同时又自成亮点。中山岐江公园的景观设计借鉴了西方景观生态设计的理念，对城市工业废弃地进行生态恢复设计和再利用，整个设计也贯穿了生态恢复和废旧再利用的思想，并且借鉴了西雅图炼油厂公园、海尔布隆砖瓦厂公园以及杜伊斯堡北风景公园等西方城市生态公园更新的路子，成为目前我国具有引领现代景观设计思潮的优秀作品。

三、示范型生态景观发展趋势的探究

(一) 多元化趋势

现有的示范型生态景观主要集中在生活污水的生态处理领域中，通过模拟自然净化水体的过程，形成人工湿地景观；或者是直接将工业或生活废物当作材料，用于建造景观小品。前者是通过把景观艺术手法和生态学原理相结合，再现自然界中的景观模型，而后者是对社会文明产物再利用形式的探索。

可以预见，科学技术的进步将带动示范型景观朝多元化的方向发展，伴随着设计师对人类与自然关系的认识不断加深，对自然运行机制的深入了解，景观设计师们将在景观作品中引入多要素、多元化的生态科学技术。

（二）规模化、功能化趋势

20 世纪 90 年代末在成都府南河畔建成的活水公园中，示范型生态景观的规模在数千平方米左右。近年来各地已经立项待建设的示范型生态景观大多达到几万平方米，将在 21 世纪建成的北京奥林匹克森林公园中示范型湿地景区拟达到十万平方米，示范型生态景观在规模上发生了较大变化。在实际功能方面，从活水公园中的示范型生态景观强调向游人展示水的净化过程，到北京奥林匹克森林公园"芦汀花溆"湿地景区建设，示范型生态景观已经不仅要满足景观方面的需求，同时要求湿地对城市中水有一定的处理能力，并能提供给主湖区一部分水源。

随着规模的扩大、功能的提升，在示范型生态景观的建设中，除景观设计师外，往往需要生物技术、水处理、废物处理等多方面的科学技术人员参与，以适应示范型生态景观功能化的发展趋势。

第四节　基于景观生态学的景观规划设计

一、景观生态规划及设计的基本含义

（一）景观生态规划的含义

景观生态规划是运用景观生态学原理、生态经济学原理及相关学科的知识和方法，从景观生态功能的完整性、自然资源的特征、实际的社会经济条件出发，通过对原有的景观要素的优化组合或引入新的成分，调整或构建合理的景观格局，使景观整体功能最优，实现经济活动与自然过程的协同进化。景观生态规划强调景观格局对过程的控制和影响，并试图通过格局的改变来维持景观功能流的健康和安全，尤其强调景观格局与水平运动和流的关系，也被认为是修复退化景观的一种行为。

景观生态规划的尺度有生态系统—景观—区域—大陆—全球系统。由于人类和生物的生存对小尺度的景观单元依赖性更强，因此，景观生态规划多集中于景观尺度和区域尺度。

（二）景观生态设计的含义

景观生态设计就是用生态学、经济学、建筑学和美学原理对大比例尺小范围（比例尺≥1∶50000）的景观单元进行要素和结构的科学配置和策划，最终实现景观系统结构和功能整体优化。

（三）景观生态规划与景观生态设计的关系

景观生态规划与景观生态设计是景观生态建设的核心内容，属于景观生态学的应用研究范畴，它们在国土整治、资源开发、土地利用、生物生产、自然保护、城乡建设和旅游发展等领域发挥了重要的作用，其实质就是在空间上合理安排景观单元以实现整体景观的可持续利用。

景观生态规划是从宏观上设计景观格局，是从较大尺度上对原有景观要素的优化组合以及重新配置或引入新的成分，调整或构建新的景观格局及功能区域，使整体功能趋优。景观生态设计是从微观上、更多的是从局地景观单元和景观类型单元上按生态技术配置景观要素，着眼的范围较小，往往是一个居住小区、一个小流域、各类公园、湿地、廊道等。

景观生态规划强调从空间上对景观结构再调整，具有地理学科中区划研究的性质，通过景观结构的辨识，构建不同的功能区域。而景观生态设计强调对功能区域的具体设计，从生态性质入手，构建理想的利用方式和方向。

景观生态规划与景观生态设计从研究尺度上是从结构到具体单元、从整体到部分逐步具体化的过程，两者既相互联系又各有侧重，在一个具体的景观生态规划与设计中，规划与设计密不可分，景观生态规划中有景观生态设计的内容和思想，反之亦然，两者相互渗透。

二、景观生态规划的原则与内容

(一) 景观生态规划的原则

1. 尊重自然的原则

景观规划和设计的目标就要创建人与自然共生共荣的环境，必须倡导尊重自然、与自然和谐相处的原则。不同地区景观的组成要素、景观结构、过程和功能都存在差异，但每一种景观类型在整体中都有其不可替代的独特作用。因此尊重自然，就应该尊重景观的差异性，尽量保持其原有的特性、神韵和在景观中应承担的责任，而不是人为地、主观地去改变它。遵循这一原则就是要"让自然做功"，让自然去做它应该做的事，将人类的干扰降到最低，以确保自然和人文过程的顺畅和人与自然的安全。

2. 尊重人的原则

景观规划的目标是要创建人与自然和谐的生态系统，但最终目标还是为了人的生存和发展，离开人谈景观生态规划就失去了意义。景观生态规划更应该尊重人，即要尊重人性，体会人的需要，设身处地的了解规划区的人到底需要什么，规划出符合当地人文化需求、精神需求、审美需求和感官需求的有地域特色的方案。

3. 时空深度、广度原则

景观生态规划是有等级的。规划时必须考虑等级之间在空间上的联系性和时间上的承接性。空间上，景观生态规划包括大尺度、中尺度和小尺度，它们之间的关系是大尺度规划控制中尺度规划，即大区对景观区有控制作用，而中尺度规划又控制小尺度规划，即景观区控制局地。任何一级景观生态规划，都应将所规划的对象有机地融入更大的背景空间中，协调好上下级之间的关系，实现等级之间的和谐。时间上，景观生态规划有长期、中期和短期之分。无论哪一种规划，都不是静态的，应从动态的、发展的观点制定不同时期的规划。任何一级规划都应注重时空两方面的结合，协调好两者的关系，真正做到既有空间上的可操作性，又有时间上的可信任性。

4．效益原则

景观生态规划必须以社会、经济、生态效益的统一为原则。仅有生态效益没有社会效益和经济效益的规划是理想的"乌托邦"，最终没有市场，不可能实施。而只追求经济效益的规划，明显不是生态规划；若既有经济效益，也有生态效益，但社会效益差的规划又不会被当地居民认可，最终必然归于失败。因此，要保证规划方案的可行性，强调经济、社会、生态效益的统一，即综合的整体的效益是唯一选择。可能每一个效益都不是最优的，但综合起来却是最好的、可行的。以效益为保证的规划方案必然推动规划区的可持续发展，必然受到各阶层欢迎。

（二）景观生态规划的内容

1．区域景观生态总体规划

区域景观生态总体规划按类型可分为城市景观生态总体规划、农业景观生态总体规划和自然保护区景观的生态总体规划，规划的对象是整个区域，要求规划区内不能有未规划的空白点。按等级，区域景观生态总体规划可分为省、市、县和乡四级。

（1）城市景观生态总体规划

第一，进行城市不建设区的规划，将保护生物多样性的物种源区，河流的洪泛区，河流两侧足够宽的起净化水质、调蓄洪水的湿地，物种迁移的必经廊道预留出来，将易发生自然灾害或影响人类生产生活的干扰扩散区让出来，让自然做功。

第二，确定城市的合理规模。城市过大和过小都是不经济的，可根据城市的地理位置、地形、人口密度、产业结构和经济发展水平，进行成本与效益分析，根据综合效益的比较，确定城市的合理规模。

第三，确定城市的用地类型和城市的土地利用分区。城市空间可以分为自然生态空间和人文生态空间。就前者而言，就是要根据城市所在地区的自然环境特征，如气候、地质、地貌、水文、土壤和植被等，充分利用自然条件，对城市不同景观类型加以合理布局。这些自然环境的特点将决定城市的布局形态，城市的规模及城市工业区的位置等。由此，充分提高自然景观对城市环境质量的贡献率，水体、植被、广阔的农业用地和空旷的景观地段都可以作为城市景观生态稳定的基石。因此必须注意维护和构筑大的自然斑块，建立大自然斑块之间的联系，人工建筑以小的斑块嵌入其中，保持景观的自然特色和地方乡土气息，促进人文环境与自然环境的和谐。

在进行城市景观生态安全规划时，要处理好城市的历史传统和文化特色的关系，尽量保留城市的历史文化风貌，突出城市的自身特点，使人文生态空间具有地方特色和时代特征。城市建筑环境和艺术环境是这一区域的主体，和谐统一的建筑轮廓线可成为该区的象征和标志。精心设计建筑群体的空间构型是改善区域形象，提升城市品质的关键。

（2）农村景观生态总体规划

我国农村的地域差异明显，景观生态规划不可能有统一的模式。根据实际情况，我国农村的景观生态规划方案应满足六个方面的需求。

①构建城乡之间的互利互惠关系，使乡村景观成为城市景观生产与生活必需品的供应地和城市居民休憩与观光的场地。

②合理规划农村景观的生态安全布局，将生物多样性保护地、保护水质和水量安全的湿地及自然灾害易发地作为种植景观和聚落景观的不利用地，为农村景观提供可持续发展的基质。

③合理规划农业景观和聚落景观的结构，聚落景观作为农业景观的一个斑块，面积不能超过区域面积的10％，尽量利用自然能源，建立农业景观和聚落景观之间良性的物质循环，将庭院规划和农业景观规划有机地联系起来，形成互为有利的邻里关系。

④景观的空间构型应遵从自然，在原有地貌、气候和生物等自然属性的基础上，在大自然结构不破坏的基础上，增加新的亚自然斑块和人文斑块，构建符合自然结构组织原则，能与其相协调的新用地结构。

⑤农村景观规划可分两个层次，一是对整个区域的农村景观规划，确定林地、草地、耕地的适宜面积，在垂直方向上进行土地利用类型的研究；二是根据区域内部自然结构的差异性进行分区规划，即在水平方向上进行各类用地的集约化研究，按用地类型的配比关系确定土地利

用区。

2. 区域景观生态专项规划

区域景观生态专项规划按区域内景观类型分为自然保护区景观生态规划、旅游景观生态规划等。

（1）自然保护区景观生态规划

自然保护区的规划必须遵循以下原则：

①生物保护优先原则。根据生物物种对自然环境的需求进行核心斑块、缓冲区和廊道设计。

②系统与个体相结合的原则。自然保护区的建立必须注意不同斑块之间的相互联系，建立合理的缓冲区和生境廊道，在加强栖息地之间联系的同时，促进生物种群之间的基因交流。

③综合性原则。影响生物生存的因子十分复杂。规划时不能仅仅考虑某一个或几个景观因子，要综合考虑所有因子及其组合类型。在景观适宜性评价的基础上，设计合理的核心区、缓冲区和生境廊道。

（2）旅游区景观生态规划

旅游区景观生态规划的目标是给旅游者提供视觉美、心理愉悦、路线畅达、环境舒适且旅游资源可持续利用的旅游场地。旅游区的景观生态规划按旅游资源类型、旅游资源评价、旅游心理调查和制定规划方案四个步骤进行。

①旅游资源分类。旅游资源分类的目的是了解旅游资源的状况、特性及其空间分布，可以根据国家相关规定进行资源分类。

②旅游资源评价。旅游资源评价应包括两个方面的内容：一是景观美感方面的评价；二是景观敏感性评价，即旅游资源开发的安全性评价。

③旅游心理调查。对现代人旅游时尚心理的调查有助于从旅游观念、旅游消费心理取向等方面探讨"旅游模式"，有助于优化旅游规划。旅游心理调查可通过问卷调查、社会调查、抽样调查等方法来完成。

三、景观生态设计

景观生态设计的对象是小尺度的景观单元，其设计理念、方法应和景观生态规划大同小异。但由于其研究的对象多为局地尺度的景观单元，更注重"千层饼"式的研究方法，侧重垂直结构的建造和水平方向上友好邻里关系的设计。

（一）景观生态设计的原则和判定标准

1. 景观生态设计的综合价值指标

综合价值指标包括设计的产品或工程的使用价值、市场价值和环境价值。其计算公式为：$V_i = F/I_i + C$。

综合价值指标中包括生命周期的三个价值要素。成本（C）：为实现产品或工程的性能需要花费的原料成本、制造成本、运输成本、循环再生成本和处理、处置成本；环境影响或综合生态影响（I_i）：影响表现在环境污染、健康受损、资源耗损、污染物排放、土壤侵蚀、植被破坏和生物多样性消失等造成的损失和代价；性能（F）：满足使用要求的程度、安全性、方便与实用性和加工的难易性等。

2. 景观生态设计的原则

（1）通过设计降低成本

通过降低成本（C）提高综合价值指标。如通过使用资源存量丰富的原材料，遵从自然，尽量有效利用可再生资源；采用资源集约度更小的物品数量、部件；提高物品或零部件的使用率等都是设计的可选方案。

（2）通过设计减轻对环境的影响

通过设计减轻对环境的影响（I_i）提高综合价值指标。如通过人与自然共生、设计结合自然、循环再生的三R原则（减量、再生、再利用）、仿食物链的设计等充分、有效地利用可再生资源、减少废弃物的输出等都是设计的可选方案。

（3）优化F、I_i、C之间的关系

通过设计，优化F、I_i、C之间的关系以提高综合价值指数。如尽可能不用有毒害化学品，推进非物质化，尽量以服务代替物质产品等都是设计的可选方案。

综合价值指标有助于明确生态设计的出发点和切入点，有助于明确

设计对象各个相关因素的关系，有助于设计的生态化。

（二）景观生态设计的内容

景观生态设计的分类体系较多，如根据景观单元类型分为城市景观生态设计、乡村景观生态设计、观赏景观生态设计、畜牧景观生态设计；根据景观要素分为斑块景观生态设计、廊道景观生态设计、交错带景观生态设计等。傅伯杰按功能将景观生态设计分为综合利用类型、多层利用类型、补缺利用类型、循环利用类型、自净利用类型、和谐共生类型和景观唯美类型等。景观生态设计的分类不同，设计的内容应有区别，但设计的共性内容可概括为：

1．场地识别

生态设计必须落实到具体的地段，查清场地本底是景观生态设计的第一项内容。它包括自然本底和人文社会本底，了解小气候、小地形、乡土物种、地质、土壤的现状及其之间的相互关系，了解土地利用和经济、社会发展水平的关系及自然和人文之间的相互关系，确定场地的"自然原型"和目前状态与"自然原型"之间的差距。

2．设计理念

景观生态设计的目标是要建造一个健康、舒适、高效、和谐、可持续发展的生态系统。要设计一个这样的系统，必须在了解本底和目标差距的基础上，确定消除差距、趋近目标又和场地发展过程相吻合的设计理念，即生态设计的产品是乡土型、保护型还是恢复型的景观。设计理念不同，决定设计方法与设计方案各异。

3．合理的景观生物群落

合理的景观群落的设计源自对场地结构和过程的分析。如从小尺度看，城市的人口密度、不透水斑块或植被的多少都会影响到诸多气候，即垂直方向上地表的不透水斑块引起气流的质变，其连锁反应是出现城市小气候。在水平方向上，由于不透水斑块在场地所占的比例不同，亦产生水平方向上生态过程的变异。首先，要明确哪些是目标内重要的大生境。如城中天然林、天然河湖岸、河口及河口湿地，湿地与沼泽（包括河湖湿地、岸滩、河心洲），无污染的天然溪流、河道、草山、草块等，这些都是极为重要的生境。大面积的自然植被可以保护水体和溪流网络，维持大多数内部种群的存活，且抗干扰性强。这类生境要保护好，已经破坏的要尽量遵从自然按自然原型重新恢复，调整垂直结构，改善单元景观的功能。在恢复大面积斑块"源"的同时，充分利用小斑块"生物跳板"和廊道"传送带"的作用，建立相对合理、安全的水平结构，将自然景观融入人工建筑景观。住宅区、道路和生活配置控制在一定的比例，并巧妙地设置在保留下来的林地、草地中，形成在视觉上给人美感的景观。合理的生物群落的设计是所有景观设计中必须完成的重要内容。

4. 成本分析

景观生态设计的第四项内容是成本分析。分析原料的选择、配置、消耗过程中是否遵从"三R"原理。如欧洲楼区施工中多选用本地建筑材料，利用报废的混凝土预制板，创作出类似中国山石盆景的园林小品立于主要出入口处，极具情趣。屋顶绿化用的土壤，主要源自施工中挖出的表层土，绿化植物尽量选用乡土植物，以减少正常养护管理的费用。在水资源的利用方面也有独到之处，90%的屋面和80%的地面排水通过处理均匀渗入地下，在北边的院落设计了一个容积为370m³ 的雨水自然渗透系统，让屋面雨水自然而均匀地流入地面以形成一个半湿润的配植有桦木林灌丛的小生境。这个小区充分利用太阳能，让自然做功，保护生物多样性，形成基本上无废物产出的人与自然和谐相处的生态系统。这样的生态系统，成本分析当然是符合"三R"原理的低投入、高产出的系统。

5. 影响分析

景观生态设计的最后一项内容是影响分析，它涉及四个方面的内容：环境影响分析、经济影响分析、财政影响分析和社会影响分析。环境影响分析包括自然环境和人工环境两部分内容，涉及土壤、空气、水、植物、动物、能源及环境健康、土地、交通、住宅和公共服务设施等的影响评价；经济影响分析含对GDP、产业结构、就业和进出口贸易等的影响评价；财政影响分析含人口的迁入迁出率、公共服务消费、维护和管理投入等；社会影响分析是对不同阶层的使用者和团体对该产品的反应分析。

第三章 生态视角下的乡村与城市景观规划设计

第一节 生态视角下的乡村景观规划设计

一、生态视角下的湿地景观规划设计

中国是世界上湿地生物多样性最丰富的国家之一，新中国成立以来，中国湿地面临着面积缩小、调蓄功能减弱、资源单一利用、生物多样性降低、水体污染等一系列问题。加强湿地景观生态规划是解决湿地生态环境问题的基础工作。

（一）湿地的概念与功能

1. 湿地的概念

湿地是指天然或人工形成的沼泽地等带有静止或流动水体的成片浅水区，还包括在低潮时水深不超过6米的水域。湿地包括各种咸水淡水沼泽地、湿草甸、湖泊、河流以及洪泛平原、河口三角洲、泥炭地、湖海滩涂、河边洼地或漫滩、湿草原等区域。湿地与森林、海洋并称全球三大生态系统，被誉为"地球之肾""天然水库"和"天然物种库"。在世界各地分布广泛。

湿地的类型多种多样，通常分为自然和人工两大类。自然湿地包括沼泽地、泥炭地、湖泊、河流、海滩和盐沼等。人工湿地主要有水稻田、水库、池塘等。

2. 湿地的功能

湿地是珍贵的自然资源，也是重要的生态系统，具有不可替代的综

合作用。湿地可作为直接利用的水源或补充地下水，又能有效控制洪水和防止土壤沙化，还能滞留沉积物、有毒物、营养物质，从而改善环境污染；它能以有机质的形式储存碳元素，减少温室效应，保护海岸不受风浪侵蚀，提供清洁方便的运输方式。湿地有强大的生态净化功能，因此有"地球之肾"的美名。湿地具有极丰富的生物多样性，许多动植物只能生长在湿地中，很多珍稀水禽的繁殖和迁徙离不开湿地，因此湿地又被称为"鸟类的乐园"。因此，湿地是地球上具有多种独特功能的生态系统，它不仅为人类提供大量食物、原料和水资源，而且在维持生态平衡、保持生物多样性和珍稀物种资源以及涵养水源、蓄洪防旱、降解污染、调节气候、补充地下水、控制土壤侵蚀等方面均起到重要作用。另外，湿地拥有优美的自然景观及丰富的文化，是观光休闲和开展生态文化教育活动的理想场所。

（二）湿地景观的结构与功能

1. 湿地景观的结构

湿地景观的结构指景观组成单元的特征及其空间格局。以洞庭湖区为例，湖泊湿地的景观主要由明水、沼泽、洲滩、防浪林、堤垸、农耕区、村落、环湖丘岗等景观要素组成，该湿地具有碟形盆地圈带状立体景观结构的特征，并形成 3 个环状结构带：

（1）内环为浅水水体湿地

水深不超过 2m 的浅水域，包括湖泊、河流、塘堰和渠沟等。

（2）中环为过水洲滩地

以洪水期被淹没、枯水季节出露的河湖洲滩为主，包括湖州、河滩两个亚类。以湖州面积为主，河滩仅为少量，主要分布在荆江南岸。

（3）外环为渍水低位田

由于地下水位过高，引起植物根系层过湿，旱作物不能正常生长，适于湿生植物生长，以渍害低位田（种植水稻）为主，包括少量沼泽地及草甸地。

2. 湿地景观的功能

湿地与森林、农田、草地等生态环境一样，广泛分布于世界各地，是地球上生物多样性丰富、生产力很高的生态系统。湿地是人类最重要的环境资本之一，也是自然界富有生物多样性和较高生产力的生态系统。它不但含有丰富的资源，还有巨大的环境调节功能和生态效益。各类湿地在提供水资源、调节气候、涵养水源、均化洪水、促淤造陆、降解污染物、保护生物多样性和为人类提供生产、生活资源方面发挥了重要作用。除此之外，湿地还具有观光旅游、教育科研等社会价值。

（三）威胁湿地景观的主要因素

1. 一些地方过度利用，而另一些地方则闲置

由于湿地资源具有多种功能，管理权限分属水利、航运、国防、渔政、农林、湖州等多个部门，不同行政管理部门具有不同的管理目标，如水产部门要发展养殖、农业部门要围垦种植、水利部门要空湖纳洪、水运部门要通航运输、湖州管理部门要发展芦苇等。地方之间、部门之间、上游与下游之间常出现矛盾，对开发价值大的天然资源采取"杀鸡取蛋、涸泽而渔"的过度利用方式，而对开发价值较低或破坏后生产力水平下降的湿地任其荒芜。

2. 水污染问题

随着工农业生产的发展和人口增长，中国许多河流、湖泊湿地遭到严重的污染。以江西鄱阳湖为例，鄱阳湖的湿地生态系统比较脆弱，它依赖的水体来源于其他河流，特别是江西境内的五大河流。随着五河流域经济发展和人口的增长，大量的工业废水和生活废水被排进五大河流，然后流入鄱阳湖内，其污染份额占湖区水污染的85％。另外，湖区农业生产所产生的化学污染也对湖水水质产生影响。来源于五大河流水土流失产生的悬浮物降低了水的透明度，从而抑制了水生植物的光合作用和藻类的繁殖，严重破坏了湿地的生态平衡。

（四）生态视角下湿地景观规划的主要方法

湿地景观生态规划是解决湿地生态环境问题的一条重要途径。在湿

地景观生态规划中要重视湿地的创建，科学制定退田还湖政策、法规，在空间布局上明确划分湿地保护区、恢复区、创建区和可转化区，针对不同的功能分区采取相应的生态工程措施。借鉴国内外湿地保护和管理方法，可将湿地景观生态规划途径分为 3 种。

1. 在城市景观设计中加入人工湿地

西方很早就已将人工湿地引入景观设计，利用湿地生态系统中的物理、化学和生物的三重协同作用，通过过滤、吸附、沉淀、离子交换、植物吸收和微生物降解来实现对污水的高效净化。他们经常将凹地改造成水渠或池塘用以收集雨水，再在周围种上植物，也有的用渗透性较好的材料铺地，使雨水渗入地下进行循环。这样既节约了水源，又能创造出美丽的城市景观。

2. 建设湿地公园

湿地公园在概念上类似于小型保护区，但又不同于自然保护区和一般意义上的公园。根据国内外目前湿地保护和管理的趋势，兼有物种及其栖息地保护、生态旅游和环境教育功能的湿地景观区域都可以称之为"湿地公园"。城市区域内的湖泊、河流等天然湿地可以采用建设湿地公园的途径进行保护和管理。

3. 建设湿地自然保护区

对于大面积的天然湿地，建立自然保护区是湿地景观保护与管理的主要途径。同其他类型的自然保护区一样，湿地自然保护区通常划分为核心区、缓冲区、实验区三部分。由于湖泊湿地具有较高的观光旅游、教育科研等社会价值，在保护区的缓冲区可开展生态旅游活动。因此，湖泊湿地的自然保护规划往往与生态旅游规划结合在一起。

二、生态视角下乡村景观规划设计

中国是一个古老的农业大国，有广大的乡村，在国家提出"新农村建设"战略决策的大背景下，乡村景观生态规划，具有更加突出的理论和现实意义。20 世纪 80 年代末，中国部分地区已处于传统农业景观向现代农业景观过渡的阶段，传统的农业生产方式逐渐被放弃，农业景观和自然环境发生了很大的变化。

同时，伴随着城市化进程的加速，农村各产业的蓬勃兴起，在有限的自然资源和经济资源的条件下，各业相互竞争，物质、能量和信息在各景观要素之间流动和传递，不断改变着区域内的景观格局，加剧了农业资源与环境问题。时空格局的改变使小尺度的农业生态系统研究已无法满足农业持续发展的需要。因此，运用景观生态学原理，对中国乡村景观进行合理地规划和设计，可以促进资源的合理利用及农业的可持续发展。

（一）乡村景观生态规划的概念和目标

乡村景观是具有特定景观行为、形态、内涵和过程的景观类型，是聚落形态由分散的农舍到提供生产和生活服务功能的集镇所代表的地区，是土地利用以粗放型为特征、人口密度较小、具有明显田园特征的景观。根据多学科的综合观点，在空间分布与时间演进上，乡村景观是一种格局，是历史过程中不同文化时期人类对自然环境干扰的记录，反映着现阶段人类与环境的关系，也是人类景观中最具历史价值的遗产。从地域范围来看，乡村景观泛指城市景观以外的具有人类聚居及其相关行为的景观空间；从构成上来看，乡村景观是由乡村聚落景观、经济景观、文化景观和自然环境景观构成的景观环境综合体；从特征上来看，乡村景观是人文景观与自然景观的复合体，具有深远性和宽广性。乡村景观包括农业为主的生产景观和粗放的土地利用景观以及特有的田园文化特征和田园生活方式，这是它区别于其他景观的关键。

乡村景观生态规划是以景观生态学为理论基础，解决如何合理地安排乡村土地及土地上的物质和空间的问题，以创造高效、安全、健康、舒适、优美的乡村环境的科学和艺术，其根本目标是创造一个社会经济可持续发展的整体优化和美化的乡村生态景观。乡村景观生态规划的目标体现了要从自然和社会两方面去创造一种融技术和自然于一体、天人合一、情景交融的人类活动的最优环境，以维持景观生态平衡，保证人们生理及精神健康，确保人们生产和生活的健康、安全、舒适。

（二）乡村景观生态规划原则

乡村景观规划设计的目的就是为人们创造高效、安全、健康、舒适、优美的环境。在乡村景观规划设计的原则上，乡村景观规划的有七大原则：

第一，建立高效人工生态系统。

第二，保持自然景观完整性和多样性。

第三，保持传统文化继承性。

第四，保持斑块合理性和景观可达性。

第五，资源合理开发。

第六，改善人居环境。

第七，坚持可持续发展原则。

在此基础上，进一步探讨现阶段中国乡村景观意向、景观适宜地带、景观功能区、田园公园与主题景观和人类聚居环境等乡村景观规划的核心。乡村景观规划设计应遵循整体综合性、景观多样性、场合最吻合、生态美学原则。

对于中国高强度土地利用区的乡村景观生态规划，必须坚持 4 项原则：

第一，实行土地集约经营，保护集中的农田斑块。

第二，补偿和恢复景观的生态功能。

第三，控制、节约工程及居住用地，塑造优美、协调的人居环境和宜人景观。

第四，水山林田路统一安排，改土、治水、植树、防污综合治理。

（三）中国乡村景观规划的策略

1. 加快乡村景观规划的理论研究

乡村景观规划的兴起与发展推动了国内乡村景观规划学科的产生，许多专家学者开始从不同的角度从事这一领域的理论研究。中国乡村景观组成的复杂性为乡村景观规划的理论研究增加了难度。结合中国乡村景观的发展现状和特点，给不同类型的乡村景观以准确的定位，探索中国乡村景观规划的理论与方法，为乡村景观的规划实践提供科学的理论依据和技术支持，有助于乡村景观健康有序地发展。

2. 吸取国外乡村景观规划的经验

应该尽量吸取发达国家发展过程中成功的经验。法国曾经一度农业贡献率急剧下降，乡镇似乎失去一切活力。而到 20 世纪 70 年代，法国城乡之间的生活条件达到了相同的水平，乡村不但拥有城市生活的一切舒适，还有城市所没有的美好环境。新型乡村空间不但有传统的农业生产功能，而且具有居住、娱乐、工业和自然保护区等多种功能。人们在乡村社会找到在城市社会所难以找到的个性化、归属感的空间。

3. 制定相关乡村景观的法规和政策并注重宣传

目前，中国实行村镇规划的一套规范和技术标准体系，涉及乡村景观层面的内容非常有限。乡村景观研究还处于起步阶段，规划建设中出现的问题实属正常现象，应进一步制定有关乡村景观规划的法规和政策，作为规划实施中执行的标准。应加强对乡村居民景观价值的宣传和教育，使他们认识到乡村景观规划建设不仅仅是改善生活环境和保护生态环境，更重要的是社会、经济、生态和美学价值与他们自身息息相关。

4. 乡村景观规划要突出乡土特色

按照规划先行的原则，统筹城乡发展。规划要尊重自然，尊重历史传统，根据经济、社会、文化、生态等方面的要求进行编制。规划的内容要体现因地制宜的原则，延续原有的乡村特色，保护整体景观；体现景观生态、景观资源化和景观美学原则，突出重点，明确时序、适当超前。

不同地域都有其特殊的自然景观和地方文化，形成不同特色的乡村景观。社会的进步和经济的发展为乡土文化注入了新的内涵，没有发展就没有现代文化的产生和传统文化的延续，乡村的更新与发展正好保证乡土文化的延续，同时为新的文化得以注入提供前提。在文化整合的同时，借助乡村景观规划与建设，强调和突出当地景观的特殊性，体现当地的文化内涵，提升乡村景观的吸引力。这不仅可以使乡村重新充满生机和活力，而且对于挖掘乡村景观的经济价值，促进乡村经济结构的转型，发展乡村多种经济是非常有益的。

5. 加强乡村景观的监督与管理工作

乡村各级政府需要成立相应的景观监督与管理机构。对影响乡村景观风貌的违章行为和建设加以制止，而且对已建成的乡村景观进行必要的维护与管理，保持良好的乡村田园景观风貌。

(四) 生态视角下乡村景观规划的重点

乡村景观生态规划通过对乡村资源的合理利用和乡村建设的合理规划，实现乡村景观优美、稳定、可达、相容和宜居的协调发展的人居环境特征。不同区域乡村景观生态规划的重点不同：城市近郊区主要是都市农业，以园艺业和设施农业为主，同时房地产市场比较活跃，景观生态规划应注意控制区域发展的盲目性和随意性；生态脆弱地区景观生态规划的重点在于景观单元空间结构的调整和重新构建，以改善受胁迫或被破坏土地生态系统的功能，如荒漠化地区的林一草一田镶嵌景观格局、平原农田区的防护林网络；长江三角洲、珠江三角洲等经济高速发展地区，人地矛盾突出，自然植被斑块所剩无几，通过乡村景观生态规划建立一种和谐的人工生态系统和自然生态系统相协调的现代乡村景观变得十分迫切。

现阶段中国乡村景观生态规划的重点应集中在以下五个方面。

1. 乡村景观意象设计

乡村景观意象是人们对乡村景观的认知过程中在信仰、思想和感受等多方面形成的一个具有个性化特征的景观意境图式。从乡村景观意象规划的目的来看，重点关注乡村景观的可居性、可投入性和可进入性，体现现代乡村作为居住地、生产地和重要的游憩景观地的三大景观功能和价值。

2. 产业适宜地带的规划

产业适宜地带的规划，是在对乡村景观进行要素分析与景观整体分析综合的基础上，依据景观行为相容性而进行的景观生态规划。乡村景观类型主要包括乡村居民点景观、网络景观、农耕景观、休闲景观、遗产保护景观等十大类。乡村人类行为，主要包括农业生产、采矿业、加工业、游憩产业、服务业和建筑业六大类。根据景观行为相容性程度分级，建立景观相容性判断矩阵，在此基础上进行产业适宜地带规划，以确定合理的景观行为体系。

3. 乡村土地利用景观生态规划

依据乡村景观存在的问题和解决途径以及乡村可持续景观体系建设的原则将乡村景观划分为四大区域，分别是乡村景观保护区、乡村景观整治区、乡村景观恢复区和乡村景观建设区。这四大景观区域的划分，体系着人类活动对景观的不合理利用程度、景观区域存在的主导矛盾、景观区域在乡村景观中的价值和功能。

4. 田园公园规划设计

田园公园是乡村旅游业发展和游憩地建设过程中的一种主题园，是以乡村景观为核心形成的自然、生产、休闲、康乐的景观综合体。田园公园的功能区通常应包括中心服务区、乡村景观观赏区、农事活动体验区、乡村生活体验区、绿色农产品品尝区、休闲度假区、公共活动区、主题园区、康体活动区等。

5. 乡村聚落为核心的景观生态规划

以乡村聚落为核心的景观生态规划，主要包括乡村聚落景观意象、性质和功能规划，土地利用景观生态规划与景观平衡，聚落形态及扩展空间景观生态规划，聚落规模与功能区规划，聚落体系与乡村聚落风貌塑造，乡村道路系统与交通规划，市政基础设施规划，绿地系统与生态景观环境建设规划，景观区划与区域景观控制规划，自然景观灾害控制等规划内容。

第二节 生态视角下的城市景观生态规划设计

一、城市景观的生态美学分析

当代城市景观美学观念作为当前城市景观理论的重要组成部分，产生于生态的可持续发展思想当中，实则孕育于 20 世纪复杂的社会背景之下：它看似是城市美学研究的前沿，实则有着自己独特的研究角度与体系框架，并在一定意义上意味着城市美学理论的重建。

（一）当代城市景观美学观念产生背景

20 世纪以来，随着科学技术进步和社会生产力发展，人与自然的关系发生了根本性变化。在人口、资源、环境、经济、社会发展等问题上出现了一系列尖锐的矛盾。生态危机的种种现实，表明人类的不合理活动正在使生态环境退化趋向极限，同时也把人类自身置于危险的生存环境中。联合国在环境与资源保护方面的价值导向为生态运动推波助澜，使之发展成为影响深远的全球性社会文化思潮。这种全球性的社会文化思潮对生态思想从浅层向深层发展起着重要的推动作用。

与此同时，城市作为人类聚集活动的中心，无疑与所处社会的思想与文化、经济与科技、环境与艺术的蜕变、演进和发展密切相关。同样，当代城市景观设计在经历了以现代主义、后现代主义为主潮的多种美学风格、艺术流派的洗礼之后，正在变成一种更具有辐射性（对其他艺术形式和意识形态的辐射性）、内在性和观念性的东西。城市设计与景观在其美学观念层面透射出的这些微妙变化与当代生态思想的日渐成熟相映成趣，并在一定程度上折射出西方社会在科学、哲学、美学方面的深刻思索。

时代的变化，一方面加速了景观设计观念的更新，同时也加速了知识的老化。对于城市景观美学解析这样具有极强观念性的学科研究而言，必须明晰一个基本道理，一门学科沿什么路线、朝什么方向发展并不取决于创始人的初衷，也不是任何学术权威或团体所能够框定的。社会的发展不断提出需要解答的新课题（社会环境）；人类科学系统功能的升级也不断为学科的发展提供新的可能（科学环境）。任何一支科学之流都不是在封闭的河道里向前流动的，所以一门学科的形态如何发展变化，只能取决于这一学科（主体）与环境（社会环境、科学环境）相互关系的机制。从城市景观产生和发展趋势来看，关于其美学观念的研究绝不是没有现实基础的纯粹思辨，而是面对现实召唤的应诺。

（二）"变异"的含义与生态美学的树立

1. "变异"的含义

从 19 世纪中叶起，随着人类学、社会学以及其他各种科学学科的迅速发展，人们对具体文化结构和各种文化现象的研究逐渐深入，并使对美学进行更加深刻的反思成为可能。正是在这一背景下，美学的领地急剧向外拓展，形式和方法日趋多样，研究的中心开始了变化和转移，这种转移中最重要、最具革命意义的是美学思想由注重客体研究的客观倾向走向注重主体研究的主观倾向，美学范畴由一元走向多元，可以说，这两个相互关联的变化构成了西方现代美学的主要特征，成为由古典美学向现代美学演进的重要标志。

在当代，美学已经不再关心那些对我们根本就不可能知道的东西的把握、对于那些一般性东西的认识、对于那些巨型叙述的东西的渴望，而是直接对美、美感、文学、艺术的特殊性加以考察。显而易见，美、美感、文学、艺术的特殊性，成为美学关注的中心。表面上哲学美学理论的争执论战，流派和群体的异彩纷呈以及各种文化倾向的更迭汰变无法掩饰的一个社会现实是当代美学已经积极地肯定了"变异"的含义。

变异原本是一个生物学用语，变异中的当代美学所追求的目标已经不像 20 世纪初那样只是反对传统美学，而是反对美学传统；不像 20 世纪初那样只是传统审美观念的内在大幅度调整，而是传统审美观念的外在的整体转型。

2. 生态美学的树立

美学观念是人类价值观的重要组成部分，它比一般的文化、思想等人的精神要素都更为远离社会的物质经济基础，美作为精神价值，比作为道德最高概念的善还要更高一级。如果人们有一种健康的审美观念或审美意识，就会形成良好的社会精神风貌，自觉按照美的规律塑造世界，社会也必然会沿着持续、和谐、美好的方向发展。透过当前剧烈变动的美学现实，在"意义"的失落与"变异"并存的同时，也正在孕育着全新的生态美学观念，它与生态科学、生态哲学一道，昭示着生态时代的到来。

生态美学之所以能在我国产生并发展，除了我国古代有着丰富的深层生态学理论资源之外，更主要的是我国当前美学理论建设的需要。

从学科划分角度看，生态美学是研究人—自然系统或地球生态系统美的学科，是一种人与自然和社会达到动态平衡、和谐一致的，并处于生态审美状态的崭新的生态存在论美学观。作为生态美学主要表现形式，生态美是充沛的生命与其生存环境的协调所展现出来的美的形式，它是以生态系统内部各组成要素之间的相互依存、相互支持、互惠共生、共同维护、共同进化和不断创造为基础的，透露出旺盛的生命气息与和谐。生态美是天地之大美，也是人与自然和谐共处之大美。对于生态美的体验，要求人们亲身参与到生物多样性的繁荣及和谐共处之生态亲密融合，与天地万物融为一体，达到"天人合一"的崇高境界。

综上所述，生态美学的兴起与发展意义重大。它标志着美学学科的发展结束了一个旧的时代，进入了一个新的时代，即美学学科由工具理性主导的认识论审美观时代，进入到以生态世界观主导的生态审美观时代。生态美学内涵极为丰富，包含了由人类中心到生态中心、主客二分思维模式到有机整体思维模式、认识论审美观到存在论审美观、对自然的漠视到绿色原则的引入、欧洲中心到中西平等对话等一系列极为重大的变化。

同时，基于生态视角的城市景观美学理论的建构与发展也标志着美学进一步从学术的象牙之塔进入到现实生活，开始关注承载人类前途的城市命运。因此，关于生态的城市景观美学观念的研究在客观上充实风景园林设计理论的同时，也是生态美学全面进入人的生存空间的过程。必须认识到，城市的发展与演化绝不是一项单纯的物质生产活动，它是人类文化活动的重要内容，特定社会的各种思想、观念、理想以至矛盾都必然深刻地反映在它的建设活动当中，并获得充分体现。在当前，生态的城市之美对于人的生活与存在而言，其意义必须给予高度的重视。

（三）城市景观美学的新研究趋势

城市自诞生之日起，便以其独有的艺术形象而成为人们的审美对象，不论是市民的亲身体验，还是游客的只言片语，以至学者专家的理论探讨，其中均充满了对城市美的理解与感悟。在千百年的城市建设历史长河中，人们满怀对美好生活环境的向往，不断探索城市美的表达方式与内在规律，并创造出无数美轮美奂的城市美的典范。在物质文明与精神文明高度发达的今天，城市依然是人类物质创造的最高成果与精神活动的最大容器，成为当代美学思考（无论为何种流派）无法回避也不能回避的对象。

当前，城市景观美学正经历着由潜科学向显科学转变的重要阶段，这实在是"一大事因缘出现于世"。尽管前人没有留下任何系统的城市景观美学理论，甚至至今也无法对城市美进行准确的定义，但城市之美的客观存在早已在潜移默化当中影响着城市的发展与完善，并在实践当中丰富和扩展着自身的理论内涵。

二、生态视角下的城市边缘区绿色空间景观规划设计

目前，国内学者将城乡边缘区的概念根据其覆盖的范畴，分为广义和狭义两个层面。广义的概念范畴又分为城市郊区、市辖区、影响区三个层次。其中城市郊区是紧邻城市建成区的行政建设区，它是城市建成区外一定范围内的区域，受城市经济辐射、社会意识和城市生态效应的影响，又分为近、中、远郊带三个圈层。近郊带与中心城连接，被城市

交通外环线、环城绿带与中郊带相分隔，其生产生活方式及景观以城市为主，是城区外延扩张的目标空间；中郊带是位于城市交通外环线和城市绿带外侧的地域，它是城市工业的扩散基地，也是郊区农村工业化和城市化的空间积聚区域；远郊带位于郊区交通环线外侧，是城市与农村的过渡地带，也是城市所需农副产品的生产基地，由于离中心城较远，远郊带的景观仍以农村景观为主；市辖区是根据行政区划分的中心城周边的若干个县级行政单元，它们在经济等方面与主城区有较为密切的联系，但多数不被看作郊区，也有个别为城市提供服务的县可视为远郊；影响区是指当某一大城市的经济及城市规模辐射到城市辖区之外某部分城镇的发展区域。

狭义的概念是指城市建成区周边一定范围内的环状地带，其在空间范畴上也可被看作广义城市边缘区中的第一层，通常被称为"城乡接合部"。它紧邻城市建成区，具有城市与乡村的某些功能与特点，人口密度介于城市建成区与一般的郊区乡村之间，产业方面逐渐由纯农产业转向非农产业，兼农产业在其内部经济收益结构中占有较大的比重。

绿色空间一词最早出现在城市空间规划的相关研究中。随着城市的不断发展，许多自然景观遭到破坏，城市生态失衡，进而引起诸如热岛效应、空气污染、水土流失等生态环境问题。为平衡社会经济发展与自然资源的可持续利用，实现经济效益与生态效益的双赢，城市绿色空间的规划思想被人们提出，并逐步发展起来。它将城市各类生态要素有效地组织起来，为城市生物多样性和自然资源保护及管理提供平台。

（一）城市边缘区的特征

1. 城乡过渡性

城市边缘区位于城市中心建成区与广大乡村地区之间，是城市向周边区域发展的产物，也是用地逐步城市化的某个阶段，具有一定的过渡性。城市与乡村的各种要素在边缘区分布。在人口方面，这里是城乡人口混居以及城市社区和农村社区混合交融的地带，农业人口占多数，人口流动大；在经济层面，其在原有农村经济的基础上叠加了城市经济要素，使得产业结构发生变化，出现了多样化等特点；在社会文化层面，城市文化不断向边缘区渗透，出现了城乡文化特征的二元并列。

2. 区域的动态性

城市边缘区的扩展是时空一体化的过程，其土地利用结构可变性强，空间优化潜能高，因此，城市边缘区具有一定的动态性。随着城市规模、辐射强度以及城乡关系的变化，城市边缘区的边界与内部各要素也发生着变化，本时段的乡村有可能成为下一时段的城市边缘区，本时段的边缘区有可能成为下一时段的中心城区，而同一地段在不同的时期，也会因社会经济发展水平的不同，进行城镇体系与行政区划等的调整，呈现出平衡—发展—再平衡的动态发展过程。

3. 区域的非均衡性

通常情况下，城市发展的压力在各个方向上并不均衡，并且由于受到自然条件（山脉、河流等）以及人为因素（高速公路等）的限制，使得边缘区的扩展具有明显的方向性。同时，边缘区的空间扩展也会随着经济的发展产生周期性的波动，从而形成在边缘区内部不同要素的分布密度与水平及功能分布的不同，变化梯度大，边缘区扩展速度表现出典型的"非均衡周期性变化"的现象。

4. 区域的互补性

城市边缘区的发展依附于城市，同时为城市分担着压力，二者形成一种经济职能带动、功能互补的关系。

第一，随着城市的不断发展，边缘区凭借优越的区位条件，缓解城市在住宅、交通和就业等方面的压力，城市通过建设区域的交通网络以及互补的空间结构，将部分职能从中分离出来，在满足和解决各种基本生存需求的同时，为其发展开辟新的拓展空间。

第二，各种城乡要素及其功能在城市边缘区内呈现出频繁的物质和能量交换，使得城市边缘区成为城乡之间的活跃地带。它吸收和接纳了来自城市的技术、资金与信息，以及来自乡村的劳动力，在其内部形成互补与竞争的关系，并反作用于城市与更广阔的农村，最终成为城市和乡村之间的联系枢纽。

（二）城市边缘区绿色空间概述

作为城市内部的一个复合生态系统，城市绿色空间对城市的景观、生态和居民的休闲生活有着积极作用，能够起到维持生态平衡、休闲娱乐等作用。城市绿色空间亦对城市结构塑造、城市风貌体现有着至关重要的作用，影响着城市的整体形象。

在城市边缘区内，应该同样存在着类似于城市绿色空间的一个体系，它由各种绿地、水体、农业用地等自然与近自然空间组成，能够对城市边缘区的空间结构塑造、维持区域内的生态平衡起到重要的作用。在进行城市边缘区建设时，应该对这个体系加以重视、合理保护和利用，这将对城市边缘区乃至整个区域的可持续发展有着重要的意义。

在总结城市绿色空间定义的基础上，将其命名为城市边缘区绿色空间，结合景观生态学理论，定义城市边缘区绿色空间为：位于城市边缘区内，由植被及其周围的光、水、土、气等环境要素共同构成的自然与近自然空间，在地域范围形成由不同土地单元镶嵌而成的复合生态系统，具有较高的生态保护、景观美学、休闲游憩、防震减灾、历史文化保护等生态、社会、经济、美学价值。它的形成既受自然环境条件的制约，又受人类经营活动和经营策略的影响，承载着城市边缘区形态建构、社会空间融合、城市可持续发展维护的重要功能。

1. 城市边缘区绿色空间的组成要素

（1）自然要素

严格来说，自然景观是指未经人类干扰和开发的景观。事实上，在城市边缘区内，此类自然景观已经变得越来越少。因此，本文讨论的自然要素是指能够基本维持自然状态，且受人类干扰较少的景观，包括野生地域、山体、林地、湿地、水体等。与城市绿色空间不同，自然要素在边缘区绿色空间内占有的比重较大，构成城市边缘区绿色空间的自然基底。

（2）人工要素

在城市边缘区绿色空间内，存在着一定的人工要素，对边缘区的原生生态面貌产生了一定程度的影响。这些要素包括农业用地、生态防护绿地、城郊型休闲绿地、住区绿地、高校工业园区附属绿地、城乡道路廊道绿地等。它们紧邻建设用地，与其他基础设施共同为城市边缘区内居民的日常生活提供服务。这些人工要素多以廊道、斑块的形式出现，是城市与自然之间的生态纽带。

2. 城市边缘区绿色空间的特征

（1）区位及资源优势性

城市边缘区是一个城乡要素逐渐过渡的中间地带，相对于乡村而言，城市边缘区紧邻城市的区位优势，便利的交通条件，以及低廉的土地资源，为其发展均提供了有利条件。

城市边缘区绿色空间拥有丰富的资源，使其具有独特的发展优势。如农田、果园、菜地等农业生产用地，能够为城市提供丰富的物产；郊野公园、森林公园、自然保护区、风景林地等以自然要素为主的绿色空间，具有良好的景观游憩基础，为城市及周边居民提供休闲场所。

（2）复合生态性

由于受到城市与乡村的影响，使得邻近城市的区域内具备了一些城市的基本特征，如城市人口比率较大、建设用地面积大、市政基础设施初步完善等，其生态环境也因此具备了城市生态系统的部分特征。而靠近乡村的区域，农村人口比率高，人口稀疏，人工建设空间少，以自然生态系统为主。与城市相比，这个系统只需得到较少的外界能量便可以维护自身的平衡与运作。综合来看，由于其特殊的地理位置，赋予了城市边缘区既有城市生态环境的特征，又有自然生态环境的特征，是一个特殊的城市—自然复合系统。

（3）动态变化性

城市边缘区绿色空间会随着边缘区内用地性质的变化而不断变化，呈现出绿色空间逐渐向外转移、面积缩小、自然用地向半自然用地转化、半自然用地向人工用地转化等现象，这种状态会一直伴随着城市的发展呈现出动态发展的特征。生态脆弱性土地开发使城市边缘区内的土地利用结构发生剧烈的变化。大量的农业用地转化为城市建设用地、城市景观逐步取代了原有的自然和乡村景观、新建的纵横交错的交通廊道割裂了原来的景观格局，这些使得城市边缘区绿色空间内的生态斑块发生转换，稳定性差，具有一定的生态脆弱性。

3. 城市边缘区绿色空间的功能

（1）维持城市与城市边缘区内部生态环境平衡的生态功能

城市边缘区绿色空间的首要功能，就是为城市及区域提供生态保障。城市边缘区内分布着大面积的自然资源、防护林地和水体网络，它们共同构成绿色空间系统。该系统能够净化城市产生的废气、废物，抑制环境污染，还能够有效调节城市周边气候，舒缓城市生态压力，是城市外界的生态保护屏障。在城市边缘区内部，该系统能够维护生态平衡，调节小气候，为当地居民提供良好的居住和生活环境。

（2）城市无序扩张的抑制功能

城市边缘区是城市扩张的主要对象。城市边缘区绿色空间对于边缘区整体环境塑造与结构紧密相连。当城市边缘区绿色空间被合理布局，并达到一定的规模时，其对城市的无序扩张能够起到有效的抑制作用。

（3）农副产品的生产功能

城市边缘区绿色空间内有大量的农田林地、水产养殖地，是城市发展所需物资和能源的供应地和集散地。城市边缘区不仅为城市发展提供了充足的后备土地，同时也为城市居民的生产和生活提供了丰富的新鲜的农副产品。

（4）特色观光旅游的休闲功能

相对于城市绿色空间，城市边缘区绿色空间具有更大的自然属性，丰富优美的自然景色，加上邻近城市的特殊地理区位，能够吸引市民周末前往观光，进行短途旅行，具有观光休闲功能。

除了游赏自然景观，城市边缘区内的民俗旅游、农业观光也是具有独自特色的休闲项目。目前城市边缘区处于农业的转化时期，地理优势使得边缘区更易从城市获得智力、技术方面的支持，并有着明显的市场优势，为其农业观光提供了发展前景，在城市边缘区开发农业观光等项目，不仅能够为市民提供科普、教育、游乐、农业示范的场所，还能够起到一定的生产作用。

（5）文化的衔接功能

古人崇尚自然，从文人墨客到世家子弟，都爱在一些风景独特的地方留下足迹。在城市边缘区内就遗留着许多文化地景、文明遗产、古建筑聚落等。这些文化景观承载着历史的积淀，成为岁月的见证。随着城市的发展，边缘区内各种产业结构进行改变，这些文化资源多少会受到影响与破坏。城市边缘区绿色空间将这些文化资源纳入其中，对其进行保护与传承，并在空间内融入不同文化景观类型，能够起到城市与乡村不同文化的衔接功能。

（6）城市与自然物能流通的廊道功能

城市与自然是相互依赖的，二者通过一系列的生态流来实现交流，如城市和乡村之间的物质交换流、城市对乡村的污染流、乡村为城市输送新鲜氧气的气体流、动植物在两者之间进行迁徙、物种的相互传播等，城市边缘区绿色空间能起到一个绝佳的生态流廊道作用，连接城市与自然，促进二者和谐相融，共同发展。

三、生态视角下城市边缘区绿色空间景观规划的目标与原则

（一）生态视角下城市边缘区绿色空间景观规划的目标

1. 规划目标

（1）优化城市边缘区绿色空间格局，缓解城市无序扩张

面对当前快速的城市化进程，城市边缘区绿色空间格局显得尤为重要。在城市边缘区内，一个合理的绿色空间布局将建成区融入绿色基底，能够避免城市连片式的发展，缓解城市的无序扩张。城市边缘区绿色空间的景观规划设计的重要目标之一，就是将其进行合理的空间布局，在城市边缘区内形成绿色生态复合网络，以保证城市边缘区乡村的

和谐发展。

（2）丰富城市边缘区绿色空间的内容与层次，确保其功能的发挥

良好的城市边缘区绿色空间具有维持城市边缘区内部生态平衡、连通城市绿色空间与乡村自然空间、满足城市及城市边缘区居民的生活、休闲需求等生态、生产、休闲功能。通过城市边缘区绿色空间的景观生态规划设计，对其内容与层次进行丰富，以确保其诸多功能实现最大的效益，为城市边缘区的各种生物、居民提供良好的生存和使用空间。

（3）调整城市边缘区绿色空间的产业结构，达到经济与生态效益双赢

在城市边缘区绿色空间的景观规划设计中，通过对其内部相关产业结构进行一定的调整和转型，使其更加适应城市边缘区的特殊背景条件，达到经济与生态效益的双赢。

（二）生态视角下城市边缘区绿色空间景观规划的原则

1. 生态优先

目前我国城市向城市边缘区空间蔓延的发展趋势愈演愈烈，导致城市与城市边缘区生态环境恶化。针对这个严峻的问题，在进行边缘区绿色空间规划时，需要本着生态优先原则，通过优先规划和设计城市边缘区绿色空间体系、制定用地保护范围，以确保城市边缘区内的生态资源不被建成区破坏。

随着城市边缘区绿色空间的形成，大面积连续的绿色空间将成为城市边缘区的基底，建设用地以间隙化的格局分布，溶解在绿色基底中，成为城市边缘区环境景观的一部分。

这样能够控制城市的无序扩张和相邻城镇的连片发展，达到城市融入自然的理想效果。

2. 系统整体性

系统整体性原则强调城市边缘区绿色空间内部各要素之间的协调性、连贯性和一致性，通过对内部各种景观实体要素进行整体性地控制和创造，连同区域内的其他环境景观，共同形成整个区域的绿色空间

系统。

理想的城市边缘区绿色空间是由一系列生态系统组成的具有一定结构和功能的整体，是由景观主体、景观客体以及二者之间的相互运动组合而成的复合生态系统。城市边缘区绿色空间的系统性表现在其内部各景观要素达到结构功能稳定以及和谐共存的状态。因此，在进行景观生态规划设计时，应从整体性着手，把景观单元视为有机联系的单元，寻找彼此之间的联系，形成一个体系，实现空间的可持续性、整体性、有机性与和谐性。

3．地方性

由于地理、历史、文化背景等条件的不同，不同的城市边缘区所呈现的面貌也各具特色。因此，城市边缘区绿色空间规划设计要本着地方性原则，尊重地域文化与艺术，在此基础上，寻求多元化的发展。

地方性原则要求在进行边缘区绿色空间规划时，尊重场地、因地制宜，寻求场地与周边环境的密切联系，突出当地历史文化和特色，保持其特有的地域风格。在进行景观生态塑造时，要用发现的、专业的眼光去观察和认识场地原有的特性，同时尊重生物多样性，善于运用当地材料创造景观。

四、生态视角下城市边缘区绿色空间景观规划的目标与方法

（一）基础分析

城市边缘区绿色空间的景观生态规划应以充分的分析为基础。任何场地都不是空白的，而是随着时间的变更，逐渐形成的具有自身属性的空间，并与周边环境紧密联系。因此，应当以更宏观、更全面的角度对现有空间进行综合分析。对于位于城市与乡村交错地带的城市边缘区绿色空间的基础分析，所需要分析的内容更加综合与复杂。总体来说，可以从区域尺度层面、场地内部层面以及历史层面来分析。

1．区域尺度分析

城市边缘区与城市及其城市化进程是密不可分的，城市化进程带来

了边缘区绿色空间的破裂。在区域尺度下进行分析，能够从一个宽广且动态的角度来更好地把握城市边缘区绿色空间发展的脉络。

（1）区位地理

在进行区域尺度的分析时，首先要研究城市边缘区所处的区域地理位置，了解城市边缘区与城市的关系，周边的限制因素（海洋、山体、沙漠等），以及城市边缘区在城市发展进程中的政治、经济、文化等要素的位置和承担的角色。这对未来城市边缘区绿色空间的功能定位、形态塑造以及产业调整等方面有着方向性的指引作用。

（2）城市化程度

通过对城市发展政策、目前人口分布、经济发展等综合因素的分析，了解目的城市发展方向及现有城市边缘区的城市化程度，从而合理地对边缘区绿色空间的未来发展进行趋势预测。对于城市化程度较高的城市边缘区，其绿色空间比较破碎，绿色空间的整体构架比较困难，因此在未来规划时，要更多地考虑对现有绿色空间的整合以及核心空间的构建，为之后有可能发生的用地性质转变（城市边缘区转化为核心区）提供更完善的绿色基础设施；对于城市化程度较弱的边缘区，要合理地对其现有生态资源进行整合与保护，优先构建城市边缘区绿色空间，形成良好的空间结构，在保证生态可持续的基础上，为城市化的进一步深入提供发展空间。

（3）气候要素

不同的气候条件能够适应不同的动植物的生长，对区域的气候条件方面的资料收集，能够为之后的城市边缘区绿色空间内部景观塑造提供物种选择的依据。

2．城市边缘区内部要素综合分析

（1）建成区景观

现有建成区的建筑及景观代表了城市边缘区的风貌和整体的文化氛围。在进行绿色空间塑造时，对现有建成区的建筑布局及景观现状进行了解，可以为之后的绿色空间创造提供参考。新建的绿色空间可以借鉴现有建成区的特色，融入相似的符号语言，最终形成统一协调的空间系统。

（2）地域文化特征

地域文化是在特定的地域文化背景下形成，并留存至今的记录人类活动历史和文化传承的载体。地域文化景观是在特定地域内，结合其自然地理环境所形成的一种景观类型，它由有形的物质空间载体和无形的文化价值体系共同构成。

城市边缘区内有许多原始的地域文化的体现，如传统的村落、地域性的宗教文化设施、传统文娱活动等。在进行城市边缘区绿色空间规划时，应充分重视历史的积淀以及不同地域的文化体现，可以对这些积极的信息进行挖掘和提炼，最终落实到具体的城市边缘区绿色空间实体营造中。

（二）建立生态评估体系

对城市边缘区绿色空间内部要素进行生态评估，是生态规划的基础，也是规划过程中不可或缺的部分。建立生态评估体系的目的在于，通过认识城市边缘区绿色空间内部景观生态的格局和过程、分析人类对于绿色空间内不同景观类型的干扰程度与干扰方式，将用地进行分级，用来指导城市边缘区绿色空间格局的合理规划，建设良好的人居环境。

1. 景观生态评估体系

城市边缘区绿色空间的景观生态评估体系立足于景观生态特征、生态系统可持续发展能力等方面，从以下几点对城市边缘区景观进行生态评估。

（1）原生度

由于人类活动的干扰，使得边缘区内的自然环境景观被开发利用为农业用地、人工林地、牧场地、人工水库以及旅游休闲用地等。原生度是景观环境在自然度逐步降低的过程中所具有的原始生境、生态系统的保留程度，其关注的是景观非人工化程度。其评价内容主要包括：在城市边缘区绿色空间中，自然景观斑块所占的比例；在自然景观斑块中，人工植被所占的比例；在绿色空间格局中，人工景观斑块与自然景观斑块相间分布比率。原生度的改变会直接导致城市边缘区绿色空间的生态格局发生变化。

（2）相容度

景观环境具有容量特征，在容量限度以内的行为具有相容与冲突的恒定特征，而超越容量的行为则会破坏景观平衡，使环境退化。相容度评价的关键是要以行为的可能性评估为基础，对每一种景观类型所能够接受的行为进行选择，这种行为既要有良好的景观保护功能，又要有良好的经济效益。可以通过行为与城市边缘区绿色空间价值功能的匹配特征、行为对城市边缘区绿色空间的破坏性以及行为对城市边缘区绿色空间的建设性三方面进行评定。

（3）敏感度

城市边缘区绿色空间的敏感度包含生态敏感度与视觉敏感度。生态敏感度因城市边缘区绿色空间内的景观类型的不同而不同，由景观生态群落特征、群落稳定性来决定。若绿色空间对外界的扰动所出现的敏感度越低，则代表其稳定性越高。视觉敏感度评价的从感知者的角度出发，通过绿色空间在感知者视觉感受中的不同，提高其视觉的敏感度。评价的指标包括廊道曲度、曲率；可视程度与可视概率；重要节点的分布数量、特征；色彩对比度、奇特性、创新性等。

（4）连通度与可达度

连通度是城市边缘区绿色空间的生态系统网络与生物可达途径的重要基础，它是对绿色空间内结构单元之间连续性的度量，是描述景观中廊道或基质在空间连接的指标。城市边缘区绿色空间的可达度评价是在区域尺度下，绿色空间特征的客观恒定。由于内部景观类型的多样性、地形特征导致空间距离的复杂性、使用交通工具的不同，以及人们在认知过程中形成的心理距离等，都能够影响到可达度的判定。一般说来，在进行可达度的评价时，主要评价其客观因素，主要评价指标包括地形、坡度、准入程度、植被覆盖度、穿越度、路况等。

2. 景观分级

(1) 景观保护层级

对于城市边缘区绿色空间的景观价值、生态学意义和人类自然文化遗产价值较高的空间进行保存和保护，如水源地、城市周边山林生态系统、野生地域、湿地、自然保护区、重点文物保护单位等。划定该类区域为城市边缘区绿色空间的特殊保护地域。在其中严格限定产业发展与规模，最大幅度降低人类对该保护区景观的扰动，实施特殊的发展策略。

(2) 生态恢复和补偿层级

针对城市边缘区生态性敏感度高的、由于人类活动对自然资源的不合理利用而造成严重破坏的地区，如濒临灭绝的动植物栖息地、矿山开采形成的大面积采空区、水库淹没地、矿渣堆积地等，即刻终止破坏行为，并以原有景观特征为背景，对破坏区域进行科学的生态恢复与生态补偿。人为的生态恢复是对自然恢复过程的加速，通过人工方式直接搭建复杂生态系统，辅助自然景观的恢复。

(3) 适度开发层级

对于具有良好自然资源的城市边缘区绿色空间，可进行适度开发，如开发风景名胜区、国家和地方森林公园、郊野公园等，将用地性质进行转换，一方面可以避免城市的侵蚀，另一方面又可以为市民提供良好的休闲空间。在开发过程中将产业发展与城市边缘区绿色空间的生态环境保护统一起来，确定城市边缘区绿色空间开发的游憩强度和规范游憩行为。

(三) 构建城市边缘区绿色空间形态

面对当前快速的城市化进程，城市边缘区绿色空间的形态显得尤为重要，一个合理的空间布局能够发挥景观和生态方面的最大作用。

城市边缘区绿色空间形态构建的内容包含三个方面：首先，重整边缘区绿色空间内现有资源的布局，通过连接和整合各个生态要素，包括绿地、水体、交通、文化景观等方面，形成一个复合的生态网络；其次，强调了空间的曲度形式，将城市边缘区绿色空间通过生态廊道的形式，与城市内部绿色空间相联系，将自然引入城市；最后，强调创建具有弹性的城市边缘区绿色空间发展框架，为城市发展预留更多的弹性空间。

1. 重整城市边缘区绿色空间布局，在城市边缘区内形成复合生态网络

自然系统是有结构的，不同的空间构型和格局，有不同的生态功能，而同样的格局和构型，因景观元素的属性不同，整体景观的生态功能也将不同，从这个意义上讲，协调城市与自然系统的关系是空间格局本质的问题。合理的城市边缘区绿色空间规划，就是规划一种景观生态格局，使其在有限的土地上，以最大限度地、高效地保障自然和生物过程的完整性和连续性，同时又能够给城市扩展留出足够的空间。

城市边缘区的开发建设，既要保护自然的生态环境，又要保证城市建设的有序开展，这需要利用城市边缘区绿色空间，通过重整布局，建立一个高效复合的生态网络。这个生态网络是由城市边缘区绿色空间内的各种类型的生态功能区、生态廊道和各种生态节点，诸如森林、草地、河流、山脊线、公园等纵横交错，形成的生物种群间互利共生的网络，也可以理解为由不同的斑块廊道基质系统纵横交错而形成的网状系统。它对于城乡可持续发展具有重要意义。

在进行城市边缘区绿色空间形态构建时，以大面积的自然区域作为生态背景、保护已经存在的城市及边缘区的绿色单元、恢复受损的自然系统、将各个景观与斑块之间建立有效的联系以缓解空间的破碎性、连通自然生态斑块和人类活动斑块。这样不仅能够调节局地气候、疏通资源循环、改善生态环境还能够有效地阻止城市无序扩张，实现孤立斑块间的物质和能量的交换和流通。此外，在建设过程中，从城市边缘区绿色空间本身的历史与文化出发，建设包含地域特色的环境景观。

总体说来，从区域尺度来看，现有大尺度的生态斑块、生态廊道、生态基质三种土地模式是城市边缘区绿色空间网络形成所不可或缺的空间元素。而在边缘区构建复合生态网络，就需要绝对保护现有大尺度生

态斑块、构建生态廊道和生态基质系统、保育和复育被破坏的边界空间、提高各斑块的边界长度，形成一个细致纹理的多样化地区。

2. 与城市绿色空间衔接，将自然引入城市

（1）边缘效应论

边缘效应在生态学中的定义是指由于交错生境条件的特殊性、异质性和不稳定性，使得毗邻群落的生物可能聚集在这一生境重叠的交错区域中，不但增加了物种的多样性和种群密度，而且提高了某些生物种的活动强度和生产力。邢忠在自然生态学中定义的基础上，将城市地域中的边缘效应定义为，异质地域间交界的公共边缘区处，由于生态因子的互补性汇聚，或地域属性的非线性相互协同作用，产生超于各地域组分单独功能叠加之和的生态关联增殖效益，赋予边缘区、相邻腹地乃至整个区域综合生态效益的现象。

边缘效应有正负和强弱之分，好的空间格局，适宜的资源利用，以及环境的保护会使边缘效应向正方向发展；否则，两者都会被破坏，或者单个受益。因此发掘和有意识创造最大的边缘正效应，抑制、削弱边缘负效应危害，是城市规划与设计师的职责。

（2）将自然引入城市

由边缘效应理论与空间曲度形式的验证可以看出，要想提升城市边缘区绿色空间的生态性，就应在规划阶段设计有曲度的自然边界，增加建设用地与绿色空间的接触面积。如果将这个原理应用在更广的尺度上，即在区域规划中，将城市边缘区绿色空间形成的生态廊道渗透到城市内部，与城市绿色空间连接，并改变其自然曲度形式，就能够将来自城市边缘区绿色空间的自然能量输入城市，提升城市边缘区绿色空间的生态功能。

在城市边缘区绿色空间的景观规划设计中，利用边缘效应的层次性、渗透性加长有效接触边缘，对空间内的水系进行生态整理与疏导，保留其自然形态，贯穿各个功能区；对山体绿地进行保护和利用，构建绿色网络，渗透到各功能区，与城市绿色空间相连接，最终塑造出山、水、城相互呼应的生态景观格局。在规划时应当注意，绿色空间的引入

不应该只是为了连续形式而生硬连接，应该着眼于为城市生活提供更富有活力的场所。

（四）构建生态产业

产业系统被视为生态系统的一种，也可以用物质、能量、信息和流动与分布来了解，因为人类整个产业系统所需的资源是来自生物圈，两者无法分割。与自然系统相比较，产业系统中物质的合成与分解速度已然失去平衡，需要通过各种政策与技术的手段来改变这个失衡的关系。城市边缘区内有着大量的农林产业，一些工业园区也选择建立在边缘区内，近些年的城市边缘区旅游产业也逐渐兴起，这些产业对城市边缘区环境及发展方面产生了一定的影响。可以通过城市边缘区绿色空间的建设，对其进行良性的引导。例如发展特色的绿色产业、文化产业以及休闲产业，将生态与经济整合，对提升边缘区的生态效益与经济效益具有重要的意义。

第四章 生态视角下的植物与水景景观规划设计

第一节 生态视角下的植物景观规划设计

一、植物景观规划设计概述

(一) 相关概念诠释

1. 植物配植

从 20 世纪 50 年代初开设园林教育课程时，在观赏树木学及园林设计学中均认可植物配植这一称谓。就是应用乔木、灌木、藤本及草本植物来营造植物景观，充分发挥植物本身形体、线条、色彩、季相等自然美，构成一幅幅动态而美丽的画面，供人们欣赏。在具体图纸上进行种植设计时，常学习画论等艺术理论，对不同株数植株的配置，要做到平面上有聚有散、疏密有致，立面上高低错落、深具画意。后来有学者提出改称植物配植，理由是植物最后是种植在地上的。从历史的观点来看，植物配植在尺度上属于微观或是更适合营造写意园林中的私家小庭院植物景观。

2. 植物造景

在园林中不只是植物景观的营造，植物必须和其他诸如园林建筑、园路、水体、山石等重要的园林元素组景。植物造景就是利用乔木、灌木、藤本及草本植物来创造景观，充分发挥植物本身形体、线条、色彩等自然美，与其他园林元素配植成一幅幅美丽动人的画面，供人们欣赏。

3. 植物景观规划设计

随着我国政治、经济、文化不断变化，国家经济实力大幅提升，政府和人民的环保意识不断增强，园林建设日益受到重视，被誉为城市生活的基础设施。各地纷纷争当园林城市，努力提高绿地率、人均绿地率。此外，园林项目也逐渐向国土治理靠近，如沿海地区盐碱地绿化、废弃的工矿区绿化、湿地保护及治理等。因此植物景观的尺度和范围也大大提高了。每一个城市先要进行该市的植物多样性规划，其次对任何一个园林项目在概念规划及方案设计阶段时应同步考虑植物景观的规划与设计，把植物景观正式纳入规划设计的范畴内。

(二) 植物景观规划设计的原则

1. 科学性

科学性是植物景观规划设计文化性、艺术性、实用性的基础，没有科学性其他一切都不存在了。科学性的核心就是要符合自然规律。因此师法自然是唯一正确的途径。切忌在南方设计北国植物景观，或在北方滥用南方树种，这种做法没有不失败的。既然要师法自然，就要熟悉自然界的南、北植物种类及自然的植物景观，如密林、疏林、树丛、灌丛、纯林、混交林、林中空地、林窗、自然群落、草甸、湿地等。由于南北各气候带的自然植物景观及植物种类差异很大，不同海拔植物景观及植物种类也迥然不同，所以要顺应自然。

2. 艺术性

植物景观规划设计同样需要遵循绘画艺术和造园艺术的基本原则，即统一、调和、均衡和韵律四大原则。

(1) 统一

也称变化与统一或多样与统一的原则。进行植物景观规划设计时，树形、色彩、线条、质地及比例都要有一定的差异和变化，显示多样性，但又要使它们之间保持一定的相似性，产生统一感。这样既生动活泼，又和谐统一。变化太多，整体就会显得杂乱无章，甚至一些局部感到支离破碎，失去美感。过于繁杂的色彩会容易使人心烦意乱，无所适从。但平铺直叙，没有变化，又会单调呆板。因此要掌握在统一中求变化，在变化中求统一的原则。

运用重复的方法最能体现植物景观的统一感。如街道绿化带中行道树绿带，用等距离设计同种、同龄乔木树种，或在乔木下设计同种、同龄花灌木，这种精确的重复最具统一感。一座城市中树种规划时，分基调树种、骨干树种和一般树种。基调树种种类少，但数量多，形成该城市的基调及特色，起到统一作用；而一般树种，则种类多，每种数量少，五彩缤纷，丰富植物景观，起到变化的作用。

（2）调和

即协调和对比的原则。植物景观设计时要注意相互联系与配合，体现调和的原则，让人产生柔和、平静、舒适和愉悦的美感。找出近似性和一致性，才能产生协调感。相反地，用差异和变化可产生对比的效果，具有强烈的刺激感，让人产生兴奋、热烈和奔放的感受。因此，植物景观规划设计中常用对比的手法来突出主题或引人注目。

（3）均衡

这是景观设计时植物布局所要遵循的原则。将体量、质地各异的植物种类按均衡的原则组景，景观就显得稳定、顺眼。如色彩浓重、体量庞大、数量繁多、质地粗厚、枝叶茂密的植物种类，给人以凝重的感觉；相反，色彩素淡、体量小巧、数量简易、质地细柔、枝叶疏朗的植物种类，则给人以轻盈的感觉；根据周围环境，在设计时有规则式均衡（对称式）和自然式均衡（不对称式）。规则式均衡常用于规则式建筑及庄严的陵园或雄伟的皇家园林中。如门前两旁设计对称的两株桂花；楼前设计等距离、左右对称的南洋杉、龙爪槐等；陵墓前、主路两侧设计对称的松或柏等。自然式均衡常用于花园、公园、植物园、风景区等较自然的环境中。

（4）韵律

植物景观有规律地变化，就会产生韵律感。例如杭州白堤上间棵桃树间棵柳就是一例。又如数十里长的分车带，取其 2km 为一段植物景观设计单位，在这 2km 中应用不同树形、色彩、图案、树阵等设计手法尽显其变化及多样，以后不断同样的重复，则会产生韵律感。

二、生态视角下的园林植物景观规划设计

园林植物景观中艺术性的创造极为细腻而复杂。诗情画意的体现需要借鉴于美学艺术原理及古典文学，巧妙地运用植物的形体、线条、色彩、质地进行构图，并通过植物季相及生命周期的变化，使之成为一幅动态的景观画卷。

园林植物景观的艺术，体现在实践与理论两个方面：一是要遵循造型艺术的基本原则，即多样统一、对比调和、对称均衡和节奏韵律等；二是各种景观植物之间在色、香、形等方面的相互配合。

（一）主要的园林植物

园林植物是园林树木及花卉的总称，涵盖了所有具有景观价值的植物。按通常园林应用的分类方法，园林树木一般分为乔木、灌木、藤本三类。

园林植物就其本身而言是有形态、色彩、生长规律的生命活体，同时又是一个象征符号，是具有长短、粗细、色彩、质地等的景观符号元素。

在实际应用中，常把园林植物作为景观材料分成乔木、灌木、草本花卉、藤本植物、草坪以及地被六种类型。每种类型的植物构成了不同的空间结构形式，这种空间形式既有单体的，也有群体的。

园林植物根据其景观特性可分为观树形、观叶、观花、观果、观芽、观枝、观干及观根等类。这里以植物景观特性及其园林应用为主，结合生态特性进行综合分类，主要有以下类别。

1. 树木

园林树木包括乔木、灌木和藤本，很多具有美丽的花、果、叶、枝或树形。按园林树木在园林景观中的用途和应用方式可以分为：庭荫树、行道树、孤赏树、花灌木、绿篱植物、木本地被植物和防护植物

等。根据植物的景观特性分类如下。

（1）观形类

①按树干、树枝分枝特点分。园林树木分枝的角度和长短会影响到树形，同时，树叶较为稀疏的树木由于树叶不足以遮盖所有的干或枝，因此树枝的形态对树木的景观价值有很大影响，常见的如南方的相思树、水杉，北方的杨树等。另外，在长江中下游地区或者更北一些的地方，随着城市园林景观建设要求的提高和冬季采光的需求，彩色观叶树木被大量使用，因此园林树木中落叶树种所占比例有增加的趋势，它们的树干、枝条等形态是冬季树木景观的重要观赏点。

对于枝叶稀疏的园林树木，分枝形态是重要的景观，在冬季或落叶期更是主要的树木景观。大多数园林树木的发枝角度以直立和斜出者为多，但有些树种分枝平展，如曲枝柏、吉松等。有的枝条纤长柔软而下垂，如垂柳。有的枝条贴地平展生长，如初地柏等。酒瓶椰子树干如酒瓶，佛肚竹的树干如佛肚。白桦、白樱、粉枝柳、考氏悬钩子等枝干发白。红瑞木、沙莱、青藏悬钩子、紫竹等枝干红紫色。傣棠、竹、梧桐及树龄不大的青杨、河北杨、毛白杨枝干呈绿色或灰绿色。山桃、华中樱、稠李的枝干呈古铜色。黄金间碧玉竹、金镶玉竹、金竹的竿呈黄绿相间色。白皮松、椰榆、斑皮袖水树、豺皮樟、天目木姜子、悬铃木、天目紫茎、木瓜等干皮斑驳呈杂色。

②按树形特点分。园林植物姿态各异，千变万化。不同姿态的树种给人以不同的感觉：高耸入云或波涛起伏，平和悠然或苍虹飞舞。其与不同地形、建筑、溪石相配置，则景色万千。根据园林树木的整体树形，通常可分为：

圆柱形：如箭杆杨等。

尖塔形：如雪松等。

卵圆形：如加拿大杨等。

倒卵形：如千头柏等。

球形：如五角槭等。

扁球形：如板栗等。

钟形：如欧洲山毛榉等。

（2）观花类

花为植物最重要的景观特性，其分类如下：

①按花的开放时间分。春季开花：白玉兰、玉兰、黄馨等。

夏季开花：合欢、栀子、金丝桃等。

秋季开花：桂花等。

冬季开花：蜡梅、茶梅等。

四季开花：杜鹃、月季、山茶等。

②按花形的特点分。有些园林植物花形奇特，景观价值很高，如旅人蕉、牡丹、鹤望兰等。有的园林树木带有香味，如桂花、梅花、木香、栀子花、月季、米兰、九里香、木本夜来香、暴马丁香、茉莉、鹰爪花、柑橘类等。

③按花色分。红色花：如梅花、木槿、月季、山茶、茶梅等。

粉红色花：如桃花、樱花，牡丹等。

紫色花：如紫玉兰、紫薇、紫花羊蹄甲、丁香等。

白色花：如白玉兰、银桂、广玉兰等。

黄色花：如云南黄馨、迎春、金丝桃、金桂、蜡梅等。

绿色花：如绿梅、绿月季等。

杂色花：如杜鹃、茶花、月季等。

不同花色组成的绚丽色块、色斑、色带及图案，这在配植中极为重要，有色有香则更是上品。在景观设计时，可配植成色彩园、芳香园等。

（3）观叶植物

很多植物的叶片极具特色。巨大的叶片如槟榔，可长达5m，宽4m，直上云霄，非常壮观。其他如董棕、鱼尾葵、巴西棕、高山蒲葵，油棕等都有巨叶。浮在水面的巨大王莲叶犹如一大圆盘，可承载幼童。叶片奇特的有山杨、羊蹄甲、马褂木、蜂腰洒金榕、旅人蕉、含羞草等。彩叶树种更是不计其数，如紫叶李、红叶桃、紫叶小檗、变叶榕，

红桑、红背桂、金叶桧、浓红朱蕉、菲白竹、红枫、新疆杨、银白杨
等。此外，还有众多的彩叶园艺栽培变种。

2. 花草

(1) 宿根花卉

宿根花卉，指地下部器官形态未变态成球状或块状的多年生草本植
物。在寒冷地区，宿根花卉的地上部分容易枯死，第二年春季又从根部
萌发出新的茎叶，生长开花，这样能连续生长多年。如菊花、非洲菊、
玉簪、芍药等；也有的地上部分能保持常青的，如万年青、兰花、一叶
兰、文竹、吊兰等。

宿根花卉包括耐寒性和不耐寒性两大类。耐寒性宿根花卉能够露地
安全越冬，如芍药、鸢尾等。在秋冬季节时候，地上的茎、叶等部分随
之全部枯死，当到温暖的春季来临之后，地下部分萌生新的芽或根蘖，
进而生长出新的植株。不耐寒性宿根花卉大多原产于温带地区以及热
带、亚热带地区。在冬季或温度过低时植株会死亡，而在温度较低时生
长受抑制而停止，但叶片仍保持绿色，呈半休眠状态，如鹤望兰、红
掌、君子兰等。

常用于园林植物景观的宿根花卉有：菊花、香石竹、芍药、鸢尾属
花卉、秋海棠属花卉、大金鸡菊、玉簪、天竺葵、长春花、文竹、天门
冬、君子兰属花卉、锥花丝石竹、非洲菊、花烛属花卉、补血草属花
卉、鹤望兰、荷包牡丹、宿根福禄考、萱草、荷兰菊、紫松果菊。

(2) 球根花卉

球根花卉指根部呈球状，或者具有膨大地下茎的多年生草本花卉。
冬季地上部分枯萎，但地下的茎或根仍保持生命力，翌年仍能继续发
芽、展叶并开出鲜艳的花朵。球根花卉种类丰富，花色艳丽，花期较
长，如荷兰的郁金香、风信子，日本的麝香百合，中国的水仙和百合
等。球根花卉常用于花坛、花境、岩石园、基础栽植、地被、水面美化
（水生球根花卉）和草坪点缀等。

按照地下茎或根部的形态结构，大体上可以把球根花卉分为下面五
大类：

①鳞茎类如水仙花、郁金香、朱顶红、风信子、文殊兰、百子莲、百合等。

②球茎类如唐营蒲、小苍兰、西班牙鸢尾等。

③块茎如白头翁、花叶芋、马蹄莲、仙客来、大岩桐、球根海棠、花毛莨等。

④根茎如美人蕉、荷花、姜花、睡莲、玉牌等。

⑤块根类如大丽花等。

（3）岩石植物

岩石植物是指适宜在岩石园中种植的植物材料。岩石园以岩石植物为主体，按各种岩石植物的生态环境要求配置各种石块，理想的岩石植物多喜旱或耐旱、耐瘠薄土，适宜在岩石缝隙中生长，一般为生长缓慢、生活期长、抗性强的多年生植物，能长期保持低矮而优美的姿态，世界上已应用的岩石植物约有 2000～3000 余种，主要包括以下几大类：

①苔类植物。大多为阴生、湿生植物，其中很多种类能附生于岩石表面，起点缀作用，使岩石富有生机。

②蕨类植物。常与岩石伴生，或为阴性岩石植物，是一类别具风姿的观叶植物。如石松、卷柏、铁线蕨、石韦、岩姜蕨和抱石莲、凤尾蕨等。

③裸子植物。多为乔木，可作岩石园外围背景布置。如矮生松柏植物中的铺地柏和铺地龙柏等。

④被子植物。包括一些典型的高山岩石植物。如石蒜科、百合科、鸢尾科、天南星科、酢浆草科、凤仙花科、秋海棠科、马兜铃科的细辛属、兰科、虎耳草科、堇菜科、石竹科、桔梗科，菊科的部分属、龙胆科的龙胆属、报春花科的报春花属、毛茛科、景天科、苦苣苔科、小案科、黄杨科、忍冬科的六道木属和英城、杜鹃花科、紫金牛科的紫金牛属、金丝桃科的金丝桃属、蔷薇科的子属、火棘属、蔷薇属和绣线菊属等。

（4）其他地被植物

这是指除草坪以外，铺设于裸露平地、坡地、阴湿林下或林间隙地等处的覆盖地面的多年生草本植物和低矮丛生、枝叶密集、偃伏性或半蔓性的灌木以及藤本植物。大致可分为以下几类：

①一二年生草本。其花鲜艳，大片群植形成大的色块，能渲染出热烈的节日气氛。如：红花酢浆草、三色堇等。

②多年生草本。宿根性，见效快，色彩万紫千红，形态优雅多姿。如：吉祥草、石蒜、葱兰、麦冬、鸢尾类、玉簪类、萱草类等。

③蕨类植物。适合在温暖湿润处生长。如：铁线蕨、肾蕨、凤尾蕨、波士顿蕨等。

④蔓藤类植物。常绿蔓生、具攀缘性及耐阴性强的特点。如：扶芳藤、常春藤、油麻藤、爬山虎、络石、金银花等。

⑤亚灌木类植物。植株低矮、分枝众多且枝叶平展，枝叶的形状与色彩富有变化，有的还具有鲜艳果实。如：十大功劳、小叶女贞、金叶女贞、红继木、紫叶小檗、杜鹃、八角金盘等。

⑥竹类植物。具有生长低矮、匍匐性强、叶大、耐阴等优点。如：箬、倭竹等。

（二）园林植物景观的构图

1. 树木景观构图

园林树木景观形式大致可以分为自然式和规则式两种。自然式配植以模仿自然、强调变化为主，具有活泼、愉快的自然情调，有孤植、丛植、群植等方式。规则式配置，多以某一轴线为对称或成行排列，强调整齐、对称为主，给人以强烈、雄伟、肃穆之感，有对植、行列植等方式。在城市园林绿地中，由于各个种植地的具体条件不同，树木景观形式也多种多样。当然，同样的地块可能组合多种树木景观式样。总之，树木景观模式有树木的株数组合、树木的密度组合、规则式组合、自然式组合、带状、空中轮廓线表现、断面构成、景观构成等。

2. 花草景观构图

在城市园林植物景观中，常用各种草本花卉建造形形色色的花池、花坛、花境、花台、花箱等。多布置在公园、交叉路口、道路广场、主要建筑物之前和林荫大道、滨河绿地等景观视线集中处，起着装饰美化的作用。

（1）花池

由草皮、花卉等组成的具有一定图案画面的地块称为花池，因内部组成不同又可以分为草坪花池、花卉花池、综合花池等。

①草坪花池。一块修剪整齐而均匀的草地，边缘稍加整理，或布置成行的瓶饰、雕像、装饰花栏等。它适合布置在楼房、建筑平台前沿，形成开阔的前景，具有布置简单、色彩素雅的特点。

②花卉花池。在花池中既种草又种花，并可利用它们组成各种花纹或动物造型。池中的毛毡植物要常修剪，保持 4～8cm 的高度，形成一个密实的覆盖层。适合布置在街心花园、小游园和道路两侧。

③综合花池。花池中既有毛毡图案，又有在中央部分种植单色调低矮的一二年生花卉。如把花色鲜艳的紫罗兰或福禄考等种在花池毛毡图案中央，鲜花盛开时就可以充分显示其特色。

（2）花坛

外部平面轮廓具有一定几何形状，种以各种低矮的景观植物，配植成各种图案的花池称为花坛。根据设计的形式不同，可分为独立花坛、带状花坛、花坛群，根据种植的方式不同，又可分为花丛花坛和模纹花坛。

①独立花坛。这是内部种植景观植物，外部平面具有一定几何形状的花坛，常作为局部构图的主体。长轴与短轴之比一般小于 2.5。多布置在公园、小游园、林荫道、广场中央、交叉路口等处，其形状多种多样。由于面积较小，游人不得入内。

②带状花坛。花坛平面的长度为宽度的 3 倍以上。较长的带状花坛可以分成数段，形成数个相似的独立花坛连续构图。多布置在街道两侧、公园主干道中央，也可作配景布置在建筑墙垣、广场或草地边缘等处。

③花坛群。由许多花坛组成一个不可分割的构图整体称为花坛群。中心部位可以设置水池、喷泉、纪念碑、雕像等。常用在大型建筑前的广场上或大型规则式的园林中央，游人可以入内游览。

（三）园林植物景观规划设计的方法

中国园林艺术中的意境空间，是在优美的自然空间基础上，利用象征和题咏相结合的文化手法，使观赏者产生想象的思维空间。从而达到意、境的有机结合。意、境的配合又是以景观设计与点景来完成，其中景观设计是基础、点景是神笔，景观奇美，点景才能发挥画龙点睛、锦上添花的神奇功效。如：窗外花树一角，即折枝尺幅；庭中古树三五，可参天百丈。

20世纪80年代后我国城市园林绿地建设发生了显著变化，园林植物的物象构成趋于简洁明朗，草地与疏林草地的所占比例大大提高，意境的表达趋于简洁明了，草坪上的孤植树木更为突出醒目，地被植物的形态、色彩和组合变化更为明显，这些在表现城市绿地整体美中起主导与协调作用。

1. 物象芳华

物象芳华是园林树木意境表达中应用范围最广、视觉感受最强的景观元素。花木姿态即物象，是中华传统文化在园林树木景观上的一大审美特色。姿形奇特、冠层分明的松柏，悬崖绝壁，昂首蓝天；枝繁叶茂、盘根错节的杜鹃，穿石钻缝，花若云锦；攀岩附石的藤木，满目青翠，一派生机。

园林树木本身的姿态线条，或柔和或拙朴，从中均可体会到中国传统诗文绘画的含蓄之美。如网师园的看松读画轩，与远山近水、轩亭曲桥为伍，突显圆柏和罗汉松的如画树姿，天趣自成。如苏州拙政园的梧竹幽居，位于水池尽端，对山面水，后置一带游廊，广栽梧、竹，构成一凤尾森森，龙吟细细的幽静之地。

植物群落或个体所表现的形象，通过人们的感官，可以产生一种实在的美感和联想。池水荡漾缥缈，虽有广阔深远的感受，但若在池畔、水边结合池杉的姿态、色彩来建植组景，可使水景平添几多参差。地形改造中的土山若起伏平缓、线条圆滑，则可用园林树木的形态、色彩来改变人们对地形外貌的感受而使之有丰满之势。

2. 季相节律

季相彩叶树种，是园林树木景观建植中数量类型最为繁多、色彩谱系最为丰富、生态景象最为显著、选择应用最为广泛的资源。秋色叶树种的主流色系有红、黄两大类别，树种类型较丰富。秋叶金黄的著名树种有金钱松、银杏、无患子、七叶树、马褂木、杨树、柳树，槐树、石榴等。秋叶由橙黄转赭红的树种主要有水杉、池杉、落羽杉等。秋叶红艳的树种有榉树、丝棉木、重阳木、枫香、漆树、槭树、栎树等。

3. 情感比拟

我国古代文化中很多诗词及民众习俗中都留下了赋予植物人格化的优美篇章。从欣赏植物景观形态美到意境美是欣赏水平的升华，不但含意深远，而且达到了天人合一的境界。由于我国传统文化对于园林艺术的影响，以植物材料"比德"在植物景观设计中也带有了明显的强烈的个人感情色彩。根据传统文化的内涵，不同树木代表了不同的性格特征。

第二节 生态视角下的水景观规划设计

一、生态水景观概述

(一) 生态水景观设计的含义

无论对水的研究多么深入、全面，从"用"与"看"的任一方面去探究它的价值与方式，都不能脱离水本身的自然属性——水为生命之源，即水的存在不是单一的物象或某种形式，而是意味着一个生命系统的存在，它将根据不同的条件衍生出多种生态现象。这是不可逆转的自然规律，也是水景观设计必须尊崇的法则。水影响着动植物的生长、环境湿度的改变，并成为连接场地环境生态发展的纽带。水景观设计不能仅仅满足"观看"的需要，必须思考因水的存在而产生的各种生态系统问题：

第一，水的生态连接作用。

第二，在不同地理条件、气候条件、技术条件下以何种方式利用水资源。

第三，水资源对于区域生态系统的影响作用。

第四，用水量与用水方式的不同会造成环境中哪些有利因素和不利因素。

第五，如何利用水建构生态系统健康的环境。

第六，生态景观的意义。

第七，不同的人类文明现象与水资源条件的逻辑关系。

生态问题是当代人最为迫切需要解决的环境生存问题，只要涉及环境就必然延伸到生态，这已成为关乎人类生存和社会发展的重大课题。在此背景下产生了一个关于环境科学交叉性的新兴学科——景观生态学。经过半个多世纪的发展，它已逐渐形成针对某一区域，结合地理学、地质学、生物化学、生态生物学、美学等多学科的相互作用，通过改变其区域格局中某些重要因素而产生对生态过程的积极影响，使环境具备多种功能的学科。生态水景观设计是一门通过借鉴该学科的部分研究方法，结合艺术类学科知识结构特性和环境艺术设计特征，形成以水体形式和因此而衍生的环境生态现象为景观载体，以合理利用水资源条件为景观环境的自然生态特征、文化特征、视觉特征，并发挥水对环境的多种影响、作用的系统课程。

生态水景观设计以水为景观环境设计的载体或主体，对环境进行系统的物理功能、生态意义与精神价值的营建性活动，使环境更适合人的生存与社会活动需要。生态水景观设计不仅仅限定于以水造景和借水为景的视觉景观作用，更为重要的是，由于水系统的引入，水对于整体环境系统的丰富与改变将起到关键作用，植物、动物、空气湿度、土壤和微气候都将因此产生变化，为场地环境的未来提供了更多变化的可能，使环境具备多种生命体生长的条件，并在生长的过程中呈现出旺盛的生机和丰富的视觉现象。

（二）生态水景观设计的特征分析

自然生长的过程充满了不确定因素，其变化受制于环境的气候、水土，动植物种类和生长特性等条件。而这些自然物质的生态均按照各自的规律生长，并非所有的外界因素都适合人类现实生存的需要。这一切都是从现实生存角度做出的判断，而这些判断也不尽正确、合理，同样受制于时代的技术，以及对环境的理解程度等因素。未来可持续的状态能保持多久？难以把握；对未来区域环境的影响？只能由历史裁断。作为当代环境设计，应站在历史的高度来思考设计对象在今天、明天和未来发展变化的种种可能。景观设计是在自然与社会、人与人、人与社会文明中寻找多种价值存在的契合点，谨慎地处理环境中的需求、目标，宽容地面对环境中的各种因素，给予未来环境更多生长的时间和空间条件，将人文演进的痕迹伴随着自然生长的步调印刻在环境种种景象之中，如同我们见到的树木的年轮、人的皱纹、山的岩层。正因为水具有孕育一切生命的能力，才有了人对它的无限依赖，才滋生出人们亲水、玩水、观水的喜好，才有关于水的文化和以水为景、以水做景的景观意义。

1. 水的特性与人文特征

水是流动的，可集小流成江海。人们常常以水域来概括不同文化的差异，海洋文化、内陆文化、长江文化、黄河文化、两河流域文化等。傍水而居的生存现象显而易见地体现了文化的交融与汇集。水流自古以来就是人类远行的主要交通条件，泛舟往来，流动的水不仅承载了人与货物，同时也承载了各种文化和不同习俗，使沿岸各个群落的人文长久得以交流。大江、大河往往孕育出伟大的民族和悠远博大的文化体系，如中国的长江与黄河、俄罗斯的伏尔加河、法国的塞纳河、埃及的尼罗河，等等，都产生出灿烂的文明和优秀的文化。这些文化形态因水汇集逐渐形成，这也意味着生命与思想的交集如同涓涓小溪汇流成江海。水的特性既能培养不同的民族性格，又造就了不同特征的人文。这给予生态水景观设计更多精神意义的启示。水是多元的，是包容的，文化如此，设计亦如此。这便是生态水景观设计中所追求的人文生态特征。

2. 生态水景观设计的特征与形成因素

生态水景观设计是生态景观设计重要的支系统，在传统的用水、理水、观水、玩水的观念与经验的基础上有了极大的拓展与超越。生态水景观设计将水的特性，人对水的种种依赖，传统的用水、理水方式和因水而形成的自然生态现象，以及多种文化与地域习俗相融合，结合环境地形、植被、土壤、动物等特定条件，应用到环境水景观设计之中，使其成为具有生态景观作用和多元文化表象的景观类型。生态水景观设计与传统意义上的水景设计不同之处在于，生态水景观设计的设计观念突出体现因水而连接的物质生态作用和文化生态作用（强调多元文化的融合与延伸），并在此基础上强调设计的前瞻性（结果的自然生长性）和视觉尺度的有效控制。这并非说明传统的水景设计没有关注这些方面的作用，其区别在于，传统的水景设计是对环境资源的个体自觉地应用与体现，生态水景观设计是对环境资源的总体理解与系统运用。

（三）生态水景观设计的类型划分

生态水景观设计从场地关系及景观应用方式上分为两个部分：以水为载体对环境进行造景，并发挥生态作用的水景观设计，即人工生态水景设计；以水为主题对滨水环境进行营建和改善生态系统的设计，即滨水景观环境设计。

1．人工生态水景设计

人工生态水景设计是在无水的场地环境中，通过人为的方式将水引入，使之形成具有丰富环境生态作用的，并产生不同视觉形态与人文意义的景观物象。它包括人工建造的喷泉、叠水、水池、水渠、荷塘、溪流、瀑布、运河、植物绿化配景、动物养殖配景等，以及相关的取水、用水设施，如山石、舟船、廊桥、亭台、水车、水磨、水井等，这是人们最常见和常用的陆地水景方式。在陆地环境中对水的物质功能设施加以视觉化的处理，形成景观，以满足多种需要，并将自然中各种水现象用不同的技术方式加以模仿或移植，以体现人居环境的文化象征，由此获取更多的生活乐趣。人工生态水景设计必须根据环境的场地条件、人文条件、民风习俗、经济能力、气候条件等进行综合考虑，使其具备多种效能与作用，陆地水景往往在缺水的场地环境中形成，用以改善环境的生态条件，增强视觉观景效果。在缺水环境中水的引入代价较高，生态条件较差，水景观与环境的形式兼容性不强，易造成牵强不利的结果。如何在陆地环境中营造人工水景？设计的依据是什么？用水的方式与用水量？经济代价与景观价值？这些问题是人工水景设计必须关注和解决的重要内容。

2. 滨水景观环境设计

滨水景观环境设计是指借助环境中已有的江、河、湖、海、溪流等自然水域和陆地环境中已经形成的人工水资源条件（人工湖、运河），以水环境为主题进行的一系列生态性、功能性、安全性和观景性的治理、改造、营建、防护、利用、种植等设计活动。它包括以水体、河道、防洪设施、护坡堤坝、水岸、桥梁、滨水道路与建筑、动植物、人进入水体活动的设施、山石等多种载体和周边环境为设计对象，采用与环境条件、气候条件相适宜的设计手法，使其具有优化环境的生态作用，满足滨水环境中人的多种行为功能，加强环境的安全性，体现丰富的人文意义和增加环境的观赏效果，并依据人在滨水环境中的行为特征，对观景的不同视线、视角、视距、高差等视觉要求，以及多种景观物象进行符合生态规律和视觉规律的处理，更好地彰显滨水环境所特有的生态条件和自然风光与人工景观的景象效果，提升人居环境的生活品质。

滨水景观环境设计是以水为主题并结合岸畔等陆地环境做整体思考的设计。其主题对象存在多种自然变化的因素，如潮起潮落、汛期、枯水期、封冻、解冻等，这些因素会对岸畔环境的生态条件的改变产生直接影响。设计不能根据某一时期的景观优势去考虑景观的效果和体现生态的作用。水系的特性是可变的，而大部分的变化有规律可循，对环境条件、当地气候和其他自然情况的了解是滨水景观设计最基础的工作程序。滨水景观环境设计从场地范围上来讲比人工水景设计规模更大、更为宏观，涉及的各种关系也更复杂。尤其是人在水系环境中的种种活动行为和无规律的突发性灾难（洪涝、干旱、水质污染、滑坡、传染疾病等），更需要设计师了解、掌握水系环境的变化规律，并对可能产生的不同灾害做充分防护，使设计具有多种应变性，建立起良好、安全的水与陆地的生态关系、景观关系、人在环境中的行为关系。

这两部分关于水景观设计的内容，虽然在具体设计对象上有所不同，前者是以水为设计对象，后者是以水为设计条件，但二者的设计思想皆围绕着一个中心，即"水"在不同场地环境中的生态价值和景观形式的作用。从传统经验上看，人往往从生存的角度去理解水在环境中应用的物理价值和生态意义，继而从这些价值与意义所发生的种种形式现象上去判断它的人文作用和审美作用。当然，这一切都离不开技术，技术是时代文明的象征，它表现在不同时代的人对事物的了解、认识、利用、控制程度上，技术越先进事物的利用价值就越大，控制程度就越强。如何将水合理地利用、控制在人居环境之中，并发挥更多有益的作用，必须用今天的知识重新理解不同环境条件下的水资源利用。前人已经给了我们许许多多的治水、理水经验和关于水的人文艺术积累，今天的科技又处于空前发展的状况，在拥有了历史的财富和现代科技的手段下，水景观设计应该思考如何将科技、生态发展与人文艺术有机结合，有效地体现当代文明的特征，满足社会生活的需要。

（四）生态水景观的场地作用

人类以水造景和以水为景已有数千年的历史，由以物理功能为主的治水、理水，逐渐分离出以视觉观赏功能为主的水景观设计。人们在长期使用、观察、认识、了解水的过程中摸索出两种造景方式：一是以水作景，二是借水为景。这两种方式不仅给场地环境带来视觉形式的变化，同时在优化场地生态关系、提高水资源的多重利用价值、丰富场地功能方面起到一举多得的作用。

1. 以水造景

以水造景是人类长久生活在无水或缺水环境中，形成的引水、用水经验。由于受到生活条件、环境条件和技术条件的限制，人们利用各种容器、渠道、池塘、运河等方式解决饮水、用水和灌溉的难题，在改造生存环境的同时也改变了原有的场地生态格局，使荒旱之地变为水草葱郁的人类赖以生存的沃野，并使得这些功能性的引水、蓄水的设施、条件，逐渐成为场地环境中不可或缺的视觉要素，由此衍生出场地功能景观的多种作用。

（1）间隔作用

间隔作用是指以人工的沟、渠、池为载体，对场地环境进行有效划分，改变原有场地景观的生态格局，合理地控制场地分区关系、交通关系、动植物种类布局关系和视觉关系，使场地景观内容更加丰富，生态景观特征更加明显。

（2）主题标志作用

主题标志作用是利用水景观特有的形态、体量、效果，在场地环境中形成具有主题象征意义和地标作用的水景，而这类水景观通常以喷泉、瀑布等动态水景和大体量的静态水体形成，其表现形式突出典型性和主题性，在设计上强调水景观形态的独特性。

（3）点缀作用

点缀作用是指以小规模水体里的水景在场地中进行具有视觉效果和生态功能的点缀性应用。这类水景形式多体现在水与环境的灵动性、趣味性，在运用手法上，动态与静态水体都被采用。点缀性水景在场地环境中发挥辅助配景作用，是由视觉引发的精神感受。东方造园思想中的一种境界追求的是以不变求变化，这在中国的山水艺术中表现得淋漓尽致。在水景观表现形式上常常有瀑布、池塘、水洼、涌泉、跌落等。在设计上注重水景与环境的融合。

（4）底衬作用

底衬作用指在建筑物或景观对象周围，引水环绕或将水作为配景，以其多变的色彩衬托出主体景观形象。此类水景形式主要根据主体景观对象的体量、色彩、形态，所处地形环境特征，以及观景视距、视角等因素进行设计，在设计上注意以陪衬为主，切勿喧宾夺主。

2．借水为景

伴水而居是人类由来已久的理想生活方式，借助河流、湖泊、沼泽、湿地、海洋等自然水系营建美好的人居环境，是人类永恒追求的生活目标之一。"在生活中欣赏，在欣赏中生活"，无论人类的文化、种族、习俗有多大的差异，但在选址栖居上都有着共同的追求。大自然在给予人类各种生活资源的同时也附加了相应的限定性条件，如何更好地利用与改造这些资源，形成更适合人居生存的景观环境，人类数千年的文明便是与之相融所积累的成果。借水为景亦是人类长久与自然水系相伴而形成的生存关系和视觉要求。人们在利用与顺应自然条件与变化规律的同时，寻找着从各种满足于自身生存和审美需求的景观方式，答案是借助水体作旱景。如利用堤坝、护栏、滨水道路、观景平台、桥梁、垒砌山石、公共艺术品、建筑、滨水动植物以及取水、用水的设施等物象形态构成景观环境，使水体运用与景观相互结合，产生互为映衬、互为对比、相互依存的多重效果。

二、生态水景观规划设计的原则与要素

（一）生态水景观规划设计的原则

1. 发挥水景观的生态服务作用

无论是人工水景还是自然水域景观都具有景观功能和生态功能，在设计的过程中，这两种功能将并置在同一个系统之中，使这一系统能有效地发挥水景观生态的服务作用。水景观生态的服务作用是指由水构成的区域生态系统对人与环境具有的服务功能。不同条件、规模的水景观发挥的生态服务功能有所不同，概括起来有以下内容：

（1）形成生长条件

引入水系或借助自然水域，形成或改善动植物生长、栖息的条件，构成区域环境生态多样化和组成格局多元化，从而形成人的游玩行为与知觉感受的多样化。

（2）形成经济价值

利用水域系统的优势条件，开展旅游、农、林、牧、渔等产业活动，带动区域经济发展，保障区域环境良性循环。

（3）调节气候

无论水体规模大小，水景观都会影响区域湿度、降雨和微气候的变化。

（4）水调节与供应

水景观除了具有景观功能以外，可发挥土壤灌溉、交通、生活和生产用水，以及水储存与控制作用。

（5）隔离与传播

利用水流条件对所限生物物种进行生长的隔离限制，也可利用水流作媒介，为需要发展的生物物种进行生长传播。

（6）提供休闲娱乐和运动条件

根据不同的水资源条件，开展各种有利的休闲娱乐和运动活动，如垂钓、泛舟游玩、游泳、滑冰等。

2. 建立生态系统健康的环境

（1）生态系统的健康

"健康"在这里有两个概念，健康的人和健康的环境，只有健康的环境才能养育健康的人。健康的环境指环境中生态系统的健康，这并非以人的现实生存需要来判断环境生态优劣，而应该尊重自然的法则。

①具有各系统的自动平衡能力。在环境中各种系统的变化所造成的指标缺失能在相互作用中得以弥补，并使指标处于正常范围。

②新陈代谢顺畅，在遭遇疾病后能自动恢复。有机体的生态系统运行顺畅，无变异失调、运行紊乱的负面现象，遇外在原因造成一定程度上的破坏，致使景观环境遭受疾病时，能自动恢复，表现出健康环境的弹性与抵抗力。

③环境中具有多种生物体，并形成多种层次的生物链。环境中物种丰富，构成相互作用、互为依赖、互为抑制的消长循环。

④具有生长活力与稳定性。各系统相互作用且具有持续性和稳定性，显示出旺盛的生长反应力和抵抗外因的压力。

（2）环境生态系统健康的建立

生态水景观设计是通过改变原场地中的重要因素——水，来影响环境的生态形成和发展，并产生多样化的视觉效果和景观功能。这取决于组成方式的多样化和生态系统的多样化。要实现设计目的，需要了解区域环境的各种组成条件，并以此为依据思考景观建设项目定位的可行性，项目形成后对环境生态系统改变的持续稳定性，以及各种指标要求，结合水景观的生态服务功能与环境生态系统健康的要求，修正项目目标内容，利用水的系统衍生功能改善环境生态系统健康之不足。其具体作用有以下几个方面：

①植入与补充生态系统。根据不同地域的生态系统的现状，发挥改善生态系统缺陷的作用。

②改变区域景观格局。在原有区域的不良生态景观格局的基础上，通过对水系的引入和改善，改变区域环境的生态格局，使环境中的水文、生物、栖息活动，物理、化学、经济等指数（综合期望值）达到生态系统的健康要求，构成健康的景观格局。

③利用水景形式改善环境的生态条件。利用多种水景形式（自然或人工）对环境生态产生积极作用，无论是流动的、静止的、跌落的、喷射的、滴落与结冰的水，在呈现不同视觉景象的同时，对环境的生态发展也会产生不同层次的作用。水的流动对于生物种类的传播、养分的传递是最有效的方式；静止的水对于生态的稳定、养分的固定与贮存、土壤水分与空气湿度的保持有突出的作用；跌落的水含充足的氧，对于水生动植物的生长具有重要的作用；喷射的水对环境空气湿度的保持和土壤水分的吸收有明显的作用；水的滴落对于水资源严重缺乏的干旱地区是重要的灌溉方式，既能使土壤保持植物生长所需的水分，又可以最大限度地节约水资源；结冰的水对水生动植物病虫害有重要的防患作用。季节更替规律是自然给予环境以保持生态系统健康的调节方式，并提供给人类多种涉水活动的条件。

（二）生态水景观规划设计的要素

无论是人工水景还是自然水景，流水景观都是因地形而形成，水面形态因水道、岸线的制约而呈现，水流缓急受流量与河床的影响，这些因素成为流水景观形成的必要条件，也带给人们多种知觉、视觉、听觉、触觉等享受，由此延伸出丰富的景观功能。流水的形态以线形为主，受地形的影响，生态系统也由此而生成，形成环境中特定的生态格局，即生态景观廊道。流水景观的线形特征是设计中应充分利用的形式要素和景观系统条件，其节奏控制与段落组织是场地景观规划的重要内容。由于不同场地中水流的形成条件不同，有自然形成和人工引入，导致制景手段与营建技术在应用上的差异，构成不同的景观形式，并对场地环境发挥着不同的景观与生态作用。因此，在设计上分为自然流水景观设计与人工流水景观设计两类。

1. 自然流水景观

自然流水景观简称河流景观。自然流水景观设计，一是对客观存在的水系环境，根据其场地的地理条件、水资源、气候、汛期等自然规律与河道地质、植被等自然条件，结合水系形式特征与流域人文背景，形成总体设计思路；二是找出其中造成流域环境生态干扰的不良因素进行针对性的优化设计，对水体、水岸线、护坡、河道、桥梁、建筑、观景平台、道路、植被等主要环境景观因素进行合理整治与建设，调整水域环境的景观生态格局，保持并突出水系的生态景观优势，构成区域景观环境，使自然景色与流水形态显现出最佳的风景表现力。

自然流水景观的景观作用受河流长度和流域面积的限制。河流景观从规模上可习惯性分为江、河、溪，即大、中、小三类。长度与流域面积有很大的差异，长度从几公里到数千公里，面积从十几平方公里到几百万平方公里。不同河流规模对流域环境所产生的景观效应有宏观与微观的差别，涉及的环境问题和景观功能也各异。

2. 人工流水景观

人工流水景观则是在无自然水体的场地环境中进行水景设置，对于原场地生态景观格局具有嵌入性影响，可根本性地改变原景观状态。人工流水景观设计需根据场地的生态条件、原景观系统的健康状况、地形、地貌、空间大小和周边景观情况，考虑水系引入的生态作用、动植物生长与控制要求，水体规模、流量，流水线形、沟渠形态、环境微气候以及其他自然景观与人工景观的相互对应关系，并利用各生态系统的相互作用，形成较为独立的小流域生态循环。人工流水景观多以小规模流量进行设计，在形式上注重流线与池面的结合，做到张弛有度，更好地体现水在环境中的景观作用，并结合桥、建筑、景台、道路、植物和地形变化，表现精致的人工流水景观。

第五章 生态视角下
居住区绿地规划设计

第一节 居住绿地功能与组成

一、居住绿地的功能

（一）生态防护功能

1. 防护作用

（1）保持水土、涵养水源

居住区绿地植物对保持水土有非常显著的功能。由于树冠的截流、地被植物的截流以及地表植物残体的吸收和土壤的渗透作用，绿地植物能够减少地表径流量，减缓地表径流速，因而起到保持水土、涵养水源的作用。

（2）防风固沙

某些居住区会受周边环境中大风及风沙的影响，当风遇到树林时，受到树林的阻力作用，风速可明显降低。

（3）其他防护作用

居住区绿地植物对防震、防火、防止水土流失、减轻放射性污染等也有重要作用。居住区绿地在发生地震时可作为人们的避难场所；在地震较多地区的城市以及木结构建筑较多的居住区，为了防止地震引起的火灾蔓延，可以用不易燃烧的植物作隔离带，既有美化作用又有防火作用；绿化植物能过滤、吸收和阻隔放射性物质，降低光辐射的传播和冲击波的杀伤力。

（4）监测空气污染

许多植物对空气中有毒物质具有较强的抗性和吸收净化能力，这些植物对居住区绿化都有很大作用。但是一些对毒质没有抗性和解毒作用的"敏感"植物在居住区绿地中也有着重要作用，这些植物对一些有害气体反应特别敏感、易表现出受害症状。可以利用它们对空气中有毒物质的敏感性作为监测依据、以确保人们能生活在符合健康标准的居住环境中。

2. 改善环境

（1）净化空气

居住区绿地植物能吸滞烟灰、粉尘，分泌杀菌素，减少空气中的含菌量，从而减少居民患病的机会；能通过光合作用吸收二氧化碳，释放出大量氧气，调节大气中的碳氧平衡；能吸收、降解或富集二氧化硫、氟化氢、氯气和致癌物质安息香吡虫啉等有害气体于体内从而减少空气中的毒物量，并具有吸收和抵抗光化学烟雾污染物的能力。

（2）改善居住区小气候

居住区绿地可以调节居住区温度，减少太阳辐射，尤其是大面积的绿地覆盖对气温的调节则更加明显，立体绿化可以起到降低室内温度和墙面温度的作用；居住区绿地植物还可以通过叶片蒸发大量水分来调节居住区湿度；居住区绿地植物具有通风防风的功能，植物的方向、位置都可以加速和促进气流运动或使风向得到改变。

（3）净化水体

居住区绿地中的水常受到居民生活污水的污染而影响环境卫生和人们的身体健康，而植物有一定的净化污水的能力，许多植物能吸收水中的毒质并在体内富集起来，富集的程度，可比水中毒质的浓度高几十倍至几千倍，从而使水中的毒质含量降低，使水体得到净化。而在低浓度条件下，植物在吸收毒质后，有些植物可在体内将毒质分解，并转化成无毒物质。

（4）降低光照强度

植物所吸收的光波段主要是红橙光和蓝紫光，而反射的部分，主要是绿色光，所以从光质上来讲，居住区绿地林中及草坪上的光线具有大量绿色波段的光。这种绿光比广场铺装路面的光线更加柔和，对眼睛具有良好的保健作用，而就夏季而言，绿色光能使居民在精神上感到舒适和宁静。

（5）降低噪声

植物是天然的"消声器"。居住区植物的树冠和茎叶对声波有散射作用，同时树叶表面的气孔和粗糙的毛，就像多孔纤维吸声板，能把噪声吸收，因此居住区植物具有隔声、消声的功能，使环境变得较为安静。

（6）净化土壤

居住区绿地植物的地下根系能吸收大量有害物质而起到净化土壤的作用。有的植物根系分泌物能使进入土壤的大肠杆菌死亡；有植根系分布的土壤，好气性细菌比没有根系分布的土壤多几百倍甚至几千倍，故能促使土壤中有机物迅速无机化，因此，既净化了土壤，又增加了肥力。

（二）美化功能

随着人们生活水平的不断提高，人们的爱美、求知、求新、求乐的欲望也逐渐增强。居住区绿地不仅改善了居住区生态环境，还可以通过千姿百态的植物和其他园艺手段，创造优美的景观形象，美化环境，愉悦人的视觉感受，更使其具有振奋精神的功能。优美的居住区环境不仅能满足居民游憩、娱乐、交流、健身等需求，更使人们远离城市而得到自然之趣，调节人们的精神生活，美化情操，陶冶性情，获得高尚的、美的精神享受与艺术熏陶。

居住区绿地中，可通过植物的单体美来体现美化功能，主要着重于形体姿态、色彩光泽、韵味联想、芳香以及自然衍生美。居住区绿地植物种类繁多，每个树种都有自己的形态、色彩、风韵、芳香等美的特色。这些特色又能随季节及年龄的变化而有所丰富和发展。例如，春季梢头嫩绿、花团锦簇；夏季绿叶成荫、浓荫覆地；秋季果实累累、色香俱全；冬季白雪挂枝、银装素裹。一年之中，四季各有不同的风姿与妙趣。将不同形状、叶色的树木或不同色彩的花卉经过妥善地安排和配植，可以产生韵律感、层次感等种种艺术组景的效果。

居住区绿地的美化功能不仅体现在植物单体美上，还体现在植物搭配及与构筑物结合的绿地景观美上。居住区绿地中的建筑、雕像、溪瀑、山石等，均需有恰当的植物与之相互衬托、掩映以减少人工做作或枯寂的气氛，增加景色的生趣。如在庭前朱栏之外、廊院之间对植玉兰，春来万蕊千花，红白相映，会形成令人神往的环境。

居住区环境的美化功能体现在绿地景观上，景观有软质景观、硬质景观和文化景观之分。由于居住区内建筑物占了相当大的比例，因此，环境绿地的设计应以植物、水体等软质景观为主；以园林构筑物、铺装、雕塑等硬质景观为辅。文化景观与之相互渗透，以缓冲建筑物相对生硬、单调的外部线条。园林植物种类繁多，色彩纷呈，形态各异，并且随着季节的变化而呈现不同的季相特征。大自然中的日月晨昏、鸟语花香、阴晴雨雪、花开花落、地形起伏等都是自然美的源泉，设计者要进一步运用美学法则因地制宜去创造美，将自然美、人工美与人文美有机结合起来，从而达到形式美与内容美的完美统一。

（三）使用功能

1. 生理功能

处在优美的居住区绿色环境中的居民，脉搏次数下降，呼吸平缓，皮肤温度降低。绿色是眼睛的保护色，可以消除眼睛的疲劳。当绿色在人的视野中占25％时，可使人的精神和心理最舒适，产生良好的生理效应。

2. 心灵功能

优美的居住区绿色环境可以调节人们的精神状态，陶冶情操。优美清新、整洁、宁静、充满生机的居住区绿化空间，使人们精力充沛、感情丰富、心灵纯洁、充满希望，从而激发了人们为幸福去探索、去追求、去奋斗的激情，更激发了人们爱祖国、爱家乡的热情。

3．教育功能

在城市居住区绿地中，园林植物是最能让人们感到与自然贴近的物质，儿童在与居住区绿地植物接触的过程中，容易对各种自然现象产生联想与疑问，从而激发孩子们对人与其他生物，人与自然的思考，激发他们热爱自然、热爱生活的情感。

优美的居住区绿地环境，具有优美的山水、植物景观，它体现着当地的物质文明和精神文明风貌，是具有艺术魅力的活的实物教材，除了使人们获得美的享受外，更能开阔眼界，增加知识、才干，有益于磨炼人们的意志和增强道德观念。

4．服务功能

服务功能是居住区绿地的本质属性。为居住区居民提供优良的生活环境和游览、休憩、交流、健身及文化活动等场所，始终是居住区绿化的根本任务。

居住区绿地应当为居民提供丰富的户外活动场地，具有满足居民多种户外活动需求的功能。居民最基本的户外活动需求是与自然的亲近和与人的交往。为了增加人与自然的亲和力，居住区绿地应尽量减少绿篱的栽植，多种植一些冠大荫浓的乔木以及耐践踏的草坪，使人能进入其内活动，尽情享受自然环境的美妙。同时要注意不同空间的分离，因为居住区内居民的年龄、文化层次、兴趣爱好各不相同，活动的内容也不尽一致，因此，应充分考虑为不同人群提供不同的使用空间。在空间的划分上，既要开辟公共活动的开敞式空间，也要考虑设置一些相对私密的半开敞空间，二者互不干扰，又互相衔接、过渡自然。为方便居民使用，绿地中应设置适量的铺装、道路、桌凳、凉亭、路灯以及小型游乐设施和文化活动设施。可结合园林小品加以布置，增加小品设施的观赏性、趣味性。

（四）文化功能

具有配套的文化设施和一定的文化品位，这是当今创建文明社区的基本标准。居住区绿地对居住区的文化具有重要作用，不仅体现在视觉意义上，还体现在绿地中的文化景观设施上。这种绿化与文化设施（如园林建筑、雕塑、水景、小品等）共同形成的复合型空间，有利于居民在此增进彼此间的了解和友谊，有利于大家充分享受健康和谐、积极向上的社区文化生活。

不同民族或地区的人们，由于生活、文化及历史上的习俗等原因，对居住区绿地中的不同植物常形成带有一定思想感情的看法，有的更上升为某种概念上的象征，甚至人格化。例如中国人对四季常青、抗性极强的松柏类，常用以代表坚贞不屈的革命精神；而对富丽堂皇、花大色艳的牡丹，则视为繁荣兴旺的象征。另外，由于树木的不同自然地理分布，会形成一定的乡土景色和情调；因此，它们在一定的艺术处理下，便具有使人们产生热爱祖国、热爱家乡、热爱人民的思想感情和巨大的艺术力量。一些具有先进思想的文学家、诗人、画家们，更常用植物的这种特性来借喻、影射、启发人们。因此，居住区绿地植物又常成为美好理想的文化象征。

（五）生产功能

居住区绿地除具有以上各种功能外，还具有生产功能。居住区绿地的生产功能一方面指大多数的园林植物均具有生产物质财富、创造经济价值的作用。某些大型居住区可以利用部分绿地种植不仅具有观赏价值而且具有经济价值的植物，植物的全株或其一部分，如叶、根、茎、花、果、种子以及其所分泌乳胶、汁液等，都具有经济价值或药用、食用等价值。有的是良好的用材，有的是美味的蔬果食物，有的是药材、油料、香料、饮料、肥料和淀粉、纤维的原料。总之，创造物质财富，也是居住区绿地的固有属性。另一方面，由于对园林植物、园林建筑、水体等园林要素的综合利用提高了某些大型居住区公共绿地的景观及环境质量，因此，某些居住区可以通过向居住区外人员开放并收费等方式增加经济收入，并使游人在精神上得到休息，这也是一种生产功能。

总之，居住区绿地的主要任务是美化环境、改善居民的生活、游憩环境，其生产功能的发挥必须从属于居住区绿地的其他主要功能。

生态功能、美化功能和教育、心灵、心理、服务功能以及生产功能是居住区绿地环境设计的基本要素，它们各不相同，但又互相联系，缺一不可。居住区绿地可以划分为公共绿地、生态防护景观绿地、形象景观绿地和休闲游憩景观绿地等几个功能区域。不同功能区域其功能各有侧重，如生态防护景观绿地侧重的是生态功能，而公共景观绿地和休闲游憩景观绿地则侧重美化功能及其他使用功能。然而，一个高质量的居住区绿地环境必定是各种功能的完美统一。因此，在进行居住区绿地生态规划设计时应将这几个方面有机地结合起来，从而为居民提供一个舒适、优美、实用的宜居环境。

二、居住绿地的组成

（一）居住区公共绿地

居住区公共绿地作为居住区内全体居民公共使用的绿地，是居住区绿地的重要组成部分，应根据居住区不同的规划组织结构类型，设置相应的中心公共绿地，包括居住区公园（居住区级）、小游园（小区级）和组团绿地（组团级），以及儿童游戏场和其他块状、带状公共绿地等。

居住区公共绿地是居民进行邻里交往、休憩娱乐的主要活动空间，也是儿童嬉戏、老人聚集的重要场所。居住区公共绿地最好设在居民经常来往的地方或商业服务中心附近。公共绿地与自然地形和绿化现状结合，布局形式为自然式、规则式或两者混合式。植物多为生态保健型，有毒、有刺、有异味的植物应用较少。居住区公共绿地用地大小与全区总用地、居民总人数相适应。

1. 居住区公园

居住区公园是居住区级的公共绿地，它服务于一个居住区的居民，具有一定活动内容和设施，是居住区配套建设的集中绿地，服务半径为0.5～1.0km。

居住区公园是居民休息、观赏、游乐的重要场所，布置有适合老人、青少年及儿童的文娱、体育、游戏、观赏等活动设施，且相互间干扰较少，使用方便。功能分区较细，且动静结合，设有石桌、凳椅、简易亭、花架和一定的活动场地。植物的配置，便于管理，以乔、灌、草、藤相结合的生态复层类植物配植模式为主，为居住区公园营造一个优美的生态景观环境。

2. 居住区小游园

居住区小游园是居住小区级的公共绿地，一般位于小区中心，它服务于居住小区的居民，是居住小区配套建设的集中绿地，小游园规模要与小区规模相适应，一般面积以 $0.5\sim 3hm^3$ 为宜，服务半径为 $0.3\sim 0.5km$。

居住区小游园应充分利用居住区内某些不适宜的建筑以及起伏的地形、河湖坑洼等条件，主要为小区内青少年和成年人日常休息、锻炼、游戏、学习创造良好的户外环境。园内动静分开。静区安静幽雅，地形变化与树丛、草坪、花卉配置结合，小径曲折。小游园也可用规则式布局形式，布局紧凑。小游园内除有一定面积的街道活动场所（包括小广场）外设置有一些简单设施，如亭、廊、花架、宣传栏、报牌、儿童活动场地及园椅、石桌、石凳等，以供居住小区内居民休息、游玩或进行打拳、下棋及放映电影等文体活动。小游园以种植树木花草为主，园内当地群众喜闻乐见的树种采用较多，一般为春天发芽早，秋天落叶迟的树种居多。花坛布置多以能减轻园务管理劳动强度的宿根草本花卉为主。

居住区小游园与周围环境绿化联系密切，但也保持一个相对安静的静态观赏空间，避免机动车辆行驶所造成的干扰。

3. 居住区组团绿地

居住区组团绿地在居住区绿地中分布广泛、使用率高，是最贴近居民、居民最常接触的绿地，尤其是老人与儿童使用方便，是居民沟通和交流最适合的空间。一般一个居住小区有几个组团绿地，组团绿地的空间布局分为开敞式、半封闭式、封闭式，规划形式包括自然式、规则式、混合式。

居住区组团绿地结合住宅组团布局，以住宅组团内的居民为服务对象。居住区组团绿地的重要功能是满足居民日常散步、交谈、健身、儿童游戏等休闲活动的需要。绿地内设置有老年和儿童休息活动场所，离住宅人口最大步行距离在 100m 左右。每个组团绿地用地小、投资少、见效快，面积一般在 0.1～0.2hm²。

4. 居住区其他公共绿地

居住区的其他公共绿地包括儿童游戏场以及其他的块状、带状公共绿地。

（二）居住区宅旁绿地

居住区宅旁绿地是居住区绿地最基本的一种绿地形式，一般包括建筑前后以及建筑物本身的绿地，多指在行列式住宅楼之间的绿地，是居住区绿地内总面积最大，且分布最为广泛的一种绿地类型。宅旁绿地也是居民出入住宅的必经之地，与居民联系最为密切，具有私密性、半私密性的特点。

宅旁绿地的面积大小及布置受居住区内的建筑布置方式、建筑密度、间距大小、建筑层数以及朝向等条件影响。宅旁绿地能形成比较完整的院落布局，绿地可集中布置，形成周边式建筑绿地；行列式能使住宅具有较好的朝向，因此是目前采用较多的住宅区规划形式，而行列式布置的建筑之间，除道路外，常形成建筑前后狭长的绿地；此外还有混合式和点状式布置的建筑，其绿地的布置也应与建筑布置相协调，一般建筑密度小，间距大，层数高，则绿地面积大，反之则绿地面积小。

（三）居住区配套公建所属绿地

居住区配套公建所属绿地，又称专用绿地，指在居住区用地范围内，各类公共建筑及公共服务设施的专属绿地。主要包括居住区学校、商业中心、医院、垃圾站、图书馆、老年及青少年活动中心、停车场等各场所的专属绿地。

托儿所、幼儿园一般位于小区的独立地段，或者在住宅的底层，需要一个安静的绿地环境。托儿所、幼儿园包括室内和室外活动场地两部分。室外活动场地设置有公共活动场地、班组活动场地、菜园、果园、小动物饲养地等。幼、托机构绿地的植物种类多样，景观效果及环境效应良好，气氛活跃。绿地植物不宜多刺、恶臭和有毒，以免影响儿童健康。

商店、影剧场前设置具有人群集散功能的宽敞空间，这些区域的绿化能满足交通和遮阴功能的要求，且具有艺术效果；锅炉房附近留有足够面积的堆煤场地（尤其是北方）和车辆通道，周围乔灌木居多，可以与周围隔离。

（四）居住区道路绿地

居住区道路绿地指居住区内主要道路两侧红线以内的绿化用地以及道路中央的绿化带，包括行道树带、沿街绿地及道路中央的绿化带。居住区道路绿地是居住区绿地的重要组成部分，具有遮阴防晒、保护路面、美化景观等作用，也是居住区"点、线、面"绿地系统中"线"的部分，具有连接、导向、分割、围合等作用，能沟通和连接居住区公共绿地、宅旁绿地等各种绿地。

居住区内除较宽的主干道能够区分车行道与人行道外，一般道路都是车行道和人行道合二为一。道路两侧以行列式乔木庇荫为主。较窄的道路两侧植物以中、小乔木为主，如女贞、棕榈、柿、银杏、山楂等；较宽的道路，通常在人行道与车行道之间、通道与建筑之间设绿带。

第二节　居住区绿地生态规划设计

一、居住区生态绿地系统

（一）居住区生态绿地系统的组成

居住区生态绿地系统作为一个独立发生功能的生态系统，包括生产者、消费者、分解者和居住区非生物环境。

1. 生产者

主要指居住区绿地植物。居住区绿地植物包括各种树木、草本、花卉等陆生和水生植物。居住区绿地植物是居住区生态绿地系统的初级生产者，它可以利用光能（自然光能和人工光能）合成有机物质，为居住区生态绿地系统的良性运转提供物质、能量基础。

2. 消费者

主要是人及居住区内的动物。居民作为居住区生态绿地系统的消费者，处于主导地位，与其他物种一样，参与居住区生态绿地系统的物质能量循环。居住区内动物是居住区生态绿地系统中的重要组成成分，对维护居住区生态绿地系统生态平衡，改善居住区生态环境，有着重要的意义。常见的动物主要有各种鸟类、哺乳类、两栖类、爬行类、鱼类以及昆虫等。由于人类活动的影响，居住区环境中大中型兽类早已绝迹，小型兽类偶有出现，常见的有蝙蝠、刺猬、蛇、蜥蜴、花鼠等。居住环境中昆虫的种类相对较多，以鳞翅目的蝶类、蛾类的种类和数量最多。

3. 分解者

即在居住区环境中生存的各种细菌、真菌、放线菌、藻类等。居住区微生物通常包括居住区环境空气微生物、水体微生物和土壤微生物等。

4. 居住区非生物环境

主要是指：太阳辐射；无机物质；有机化合物，如蛋白质、糖类等；气候因素。

（二）居住区生态绿地系统的结构

居住区生态绿地系统的结构主要指构成居住区生态绿地系统的各种组成成分及量比关系，各组成成分在时间、空间上的分布，以及各组成成分同能量、物质、信息的流动途径和传递关系。居住区生态绿地系统的结构主要包括物种结构、空间结构、营养结构、功能结构和层次结构五方面。

1. 物种结构

居住区生态绿地系统的物种结构是指构成系统的各种生物种类以及

它们之间的数量组合关系。居住区生态绿地系统的物种结构多种多样，不同的系统类型，其生物的种类和数量差别较大。草坪类型物种结构简单，仅由一个或几个生物种类构成；小型绿地如小游园等由几个到十几个生物种类构成；居住区公园则是由众多的植物、动物和微生物所构成的物种结构多样、功能健全的生态单元。

2. 空间结构

居住区生态绿地系统的空间结构指系统中各种生物的空间配置状况。通常包括垂直结构和水平结构。

（1）垂直结构

居住区生态绿地系统的垂直结构即成层现象，是指居住区生物群落，特别是居住区植物群落的同化器官和吸收器官在地上的不同高度和地下不同深度的空间垂直配置状况。目前，居住区生态绿地系统垂直结构的研究主要集中在地上部分的垂直配置上。

（2）水平结构

居住区生态绿地系统水平结构是指园林生物群落，特别是居住区植物群落在一定范围内的水平空间上的组合与分布。它取决于物种的生态学特性、种间关系及环境条件的综合作用，在构成群落的静态、动态结构和发挥群落的功能方面有重要作用。居住区生态绿地系统的水平结构主要表现为自然式结构、规则式结构和混合式结构三种类型。

3. 时间结构

居住区生态绿地系统的时间结构指由于时间的变化而发生的居住区绿地生态系统的结构变化。其主要表现为以下两种变化：

（1）季相变化

是指居住区生物群落的结构和外貌随季节的更迭依次出现的改变。植物的物候现象是居住区植物群落季相变化的基础。在不同的季节，会有不同的植物景观出现，如传统的春花、夏叶、秋果等。随着各种园林植物育种、切花等新技术的大范围应用，人类已能部分控制传统季节植物的生长发育，未来的季相变化会更丰富。

（2）长期变化

即居住区生态绿地系统经过长时间的结构变化。一方面表现为居住区生态绿地系统经过一定时间的自然演替变化，如各种植物，特别是各种高大乔木经过自然生长所表现出来的外部形态变化等，或由于各种外界干扰使居住区生态绿地系统所发生的自然变化；另一方面是通过对居住区的长期规划所形成的预定结构表现，这以长期规划和不断的人工抚育为基础。

4. 营养结构

居住区生态绿地系统的营养结构是指居住区生态绿地系统中的各种生物以食物为纽带所形成的特殊营养关系。其主要表现为由各种食物链所形成的食物网。

居住区生态绿地系统的营养结构由于人为干扰严重而趋向简单，特别在城市环境中表现尤为明显。居住区生态绿地系统的营养结构简单的标志是居住区内动物、微生物稀少，缺少分解者。这主要是由于居住区植物群落简单、土壤表面的各种动植物残体，特别是各种枯枝落叶被及时清理造成的。居住区生态绿地系统营养结构的简单化，迫使既为居住区生态绿地系统的消费者，又为控制者和协调者的人类不得不消耗更多的能量以维持系统的正常运行。按生态学原理，增加园林植物群落的复杂性，为居住区内各种动物和微生物提供生存空间，既可以减少管理投入，维持系统的良性运转，又可营造自然氛围，为人类保持身心的生态平衡奠定基础。

二、居住区绿地系统布局的主要模式

（一）哈罗模式

这种模式以英国哈罗新城为典型。新城的居住区之间、居住区内各小区之间、各住宅组团之间均有绿地隔开。这些绿地是城市绿地由郊野连续不断地渗入居住区内部，形成联系紧密的有机整体。这种模式具有最大的整体性与连续性，从景观和生态角度看，最为有利。

这种模式因为需要大片的绿地，仅适用于用地条件比较宽松的城市和居住区。由绿带和干道隔离的居住区具有单一中心和内向封闭性，从居民认知角度看，易于产生明确的边界和区域意象；但有时由于公共服务设施的可选择性较小，居民容易产生孤独感。所以，这种模式适用于远离中心区的独立居住区。

（二）昌迪加尔模式

这种模式以印度昌迪加尔为典型，特点是以带状公共绿地贯穿居住区，这些公共绿地相互联系成为纵贯城区的绿带。居住区内部，带状公共绿地与住宅组群接触比较充分，住宅组群的绿地可直接与之连通。这种模式住宅群可以保持较高密度，绿带宽窄变化比较灵活，居民对公共服务设施有较多的选择余地；绿带方向与夏季主导风向一致，有利于通风，居民也便于形成明确的环境意象。在小规模居住区采用这种模式的较多，美国底特律花园新村及上海浦东新区锦华小区等都有类似的规划。

（三）日本模式

这是在用地紧张的情况下的一种居住区绿地布局模式。居住区以交通干道为界，各级公共绿地作为嵌块位于相应规模的用地中心，各嵌块之间由绿道相联系，基本上也是一种向心封闭的模式。在住宅高密度条件下可以保证公共绿地的均匀分布，适用于城市中心区附近的居住区和用地紧张的城市。嵌块面积和绿道数量、宽度决定了系统的整体性与连续性的强弱。

（四）散点式模式

这种模式与日本的绿地分布模式有相似之处。由于中国人多地少，城市用地紧张，长期以来绿地指标与国外许多发达国家相比一直偏低，居住区的绿地系统也长期得不到重视，中国居住区绿地系统布局基本是散点式布局。按照公共绿地不同层次，目前中国绿地的结构模式有以下几种类型：

第一，居住区公园＋小区游园＋组团绿地＋宅间绿地。

第二，居住区公园＋组团绿地＋宅间绿地。

第三，小区游园＋组团绿地＋宅间绿地。

三、居住区公园生态规划设计

居住区公园是居住区中规模最大，服务范围最广的中心绿地，为居民提供交往、游憩的绿化空间。居住区公园的面积一般都在 $10hm^2$ 以上，相当于城市的小型公园。公园内的设施比较丰富，有体育活动场地、各年龄组休息活动设施、画廊、阅览室、茶室等。居住区公园是为整个居住区的居民服务的，通常布置在居住区中心位置，以方便居民使用。服务半径以 $800\sim1000m$，居民步行到居住区公园约 $10min$ 的路程为宜。

（一）居住区公园的生态规划设计要求

1. 满足健身、教育等功能要求

居住区公园作为居住区中最大、最开放的户外空间，其用地规模不能小于 $10hm^2$，通常为 $10\sim21hm^2$，应有一定的地形地貌、水体水系和功能上的分区；按照居民各种活动的要求来布置观赏休憩、文化娱乐、体育锻炼、儿童游戏及人际交往等各种活动的场地与设施；对提升城市面貌、改善城市环境以及丰富人民的文化生活等方面都具有十分重要的作用。此外，居住区公园还可以改善市民居住空间中的自然环境，从而促进人们的交往，引导人们参加有益身心的各种活动，最终达到改善人文环境（社会环境、艺术环境、文化环境）的目的。

2. 满足审美的要求

居住区公园视野一般较为开阔，植物搭配方式灵活多样，空间变化极为丰富，能够较好地将自然之美展现出来。与小游园、组团绿地相比较，居住区公园在处理上更加贴近自然，更易满足居民"回归自然"的需要。作为居住区中最大的开放空间，公园周围的建筑甚至城市远景都可纳入公园景观的构图中来，形成因借关系，包括采光、通风、视野、景观，甚至听觉、嗅觉等。在对其进行规划设计时应注意创造意境，并

且充分利用园林景观构成要素来塑造景观，形成具有特色的景观效果。

3. 满足游览的要求

从居民游憩活动的角度出发，居住区公园与住宅区的距离以 800～1000m，步行时间在 10 分钟左右为宜，因此居住区公园利用率远大于大部分的城市公园。园路的规划在满足交通需要的前提下，使游览的线路更加合理。若园路能与居住区道路有机地联系起来，将会进一步增强居住区公园的使用率，方便居民的生活。居住区公园人工造景不宜过多，而应考虑到为居民提供充分的休息、活动场地。中国北方地区的大型喷泉、水池等水景还应充分考虑冬季的景观效果。

4. 满足改善环境质量的要求

居住区公园面积一般相对较大，在植物配植时利于模拟自然环境，进行生态栽植。大量种植树木、花卉、草皮等，形成乔、灌、草、藤复层结构的人工植物群落，最大限度发挥植物的生态功能。植物通过对周围空气的不断净化，改善居住区的自然环境，对居住区环境发挥着至关重要的作用。大量种植可吸收 SO_2、氯气等毒气体的植物，降低大气中有害气体浓度，达到净化大气的目的。另外，居住区绿地植物可以起到滞尘作用，其中叶片表面能分泌黏液或油脂的植物效果最佳。同时，植物通过对太阳辐射的吸收、反射和透射作用以及水分的蒸腾，来调节小气候，降低温度，增加湿度，减轻了"城市热岛效应"。

（二）居住区公园的功能分区

随着城市人口老龄化速度的加快，老年人群在城市人口中所占比例日益增加，成了居住区公园使用频率最高的人群。所以居住区公园的功能分区在过去的休憩游览区、休闲娱乐区、运动健身区、儿童活动区、服务区和管理区六大分区基础上，应该增加老年人活动的功能区域，以满足老年人日常的娱乐、健身等需求。

（三）居住区公园的设计要点

1. 自然景观的营造

（1）水体

居住区公园的设计中水体的设计应当表现出人与水之间的感情。首先在尺度上应与居住区整体环境相协调，水体内各要素之间要做到主次分明，同时要把握人的亲水程度。其次，水在形态上有动静之分，平静的水常给人以安静、轻松、安逸的感觉；流动的水则令人兴奋和激动；瀑布气势磅礴，令人遐想；涓涓的细水，让人欢快活泼；喷泉的变化多端，给人以动感美。再次，水体在形式上又分为自然式与规则式两种。

（2）山石

山石在当下居住区公园中应用广泛，可与树木、溪流、驳岸、小品等配合使用，体现出不同的意境，主要依据造景要素的特征与组景的需要而定。

（3）绿化

绿化是自然元素中的重中之重，有调节光照强度、温度、湿度，改善气候，净化环境，益于居住者身心健康的功能。首先，植物的配植应具备模拟自然植物群落的绿化特点。其次，树木的种植方式要依据场地规模及功能布局而定。再次，树种的选择上，我们应考虑到植物对当地环境和气候的适应度，做到"适地适树"。最后，在空间布局上应体现点、线、面相结合以创造鸟语花香的意境。

2. 空间的处理

（1）空间边界的处理

空间的边界可以通过堆砌地形、护墙、台阶来完成，还可以通过长椅的靠背等设施实现。因此，一个可以让人以不同高度欣赏的环境才是最好的，这样既能被青少年利用，又能够给老年人或其他年龄段的人提供方便。尽管公共场所里的活动大多是事先安排好的，但同样应当考虑到那些非计划性的活动。路人或居民应当能够观察到绿地中公共活动的进行情况，以便决定是否参与其中，因此绿地的边界不能过于封闭，应在适当的地方增加其开放性。

（2）座位布置

在设计时座位的安排应按照人们习惯的社交方式来布置。两把垂直的长椅可以增进人们之间的交流，而把一把长椅放在另一把长椅的后面则会产生相反的效果，如果面对面放置的话，则距离过近容易产生压迫感、局促感，距离太远则不利于人们的交往。

（3）道路引导

设计者在进行交通系统的设计时，可以通过设计上的引导使人们通过潜在的交往空间，而不要强迫人们留下。人们在与他人交往与否的问题上希望有选择的权利，所以道路允许人们紧贴这些场所经过，而不是直通或停止于可能发生交往的地方。

3. 活动场地的设计

（1）老年活动场地

随着城市人口老龄化速度的加快，老年人在城市人口中所占的比例越来越大，居住区中的老年人活动区在居住区的使用率中是最高的。在一些大中型城市，很多老年人已养成了白天在公园锻炼活动，晚上在公园散步的生活习惯，因此在居住区公园设计中老年人活动区的设置是不可忽视的一部分。在设计的过程中应当考虑设置动态和静态两类活动区域。动态活动区主要以一些健身活动为主，如单杠（高度宜低）、压腿杠、球网、漫步机等一些容易使用的体育健身设施。在活动区的外围应设有一些林荫以及休息设施，作为老人在活动之后的休息空间。这类空间不需要太大，相反较小空间能增强私密感和舒适感。静态活动区主要为老人们晒太阳、下棋、聊天、学习、打牌、谈心等提供场所，场地的布置上应有林荫、廊、花架等，保证在夏季能有足够的遮阴，冬季又能保证足够的阳光。

（2）青少年运动场地

在居住区公园中应布置一定的运动场所，供青少年使用。比如篮球场、羽毛球场甚至小型足球场等，这些场地的设计应当满足相应的规范要求。应把比赛场地安排在公园边缘，以减少噪声对居民产生的干扰。在场地周围为观众布置一些长椅，如果条件允许还可把场地设置在缓坡下面，方便观众观看整个场地。运动场地应远离儿童活动区，场地周围布置一些类似衣架之类的设施满足人们运动时换衣服的需求。场地周围不要栽植太多落果、落花的树木，防止对运动场地产生不利的影响，降低安全隐患。

（3）儿童游乐场地

居住区公园是儿童使用频率最高的场所，在规划设计儿童娱乐场地和设施时应注意以下几点：充分了解儿童的需求，这一点极其重要，确定游乐场的服务年龄段，这在游乐场的规划中具有重要意义；划定游乐场的面积和边界，要特别注意会影响游乐设施放置的客观因素，如下水道、障碍物、灯柱等设施；游乐场的选址必须充分考虑周边的交通状况，是否方便儿童在游乐场内骑自行车或滑滑板，是否方便携带婴儿车或者轮椅进入等；场地的颜色对儿童影响是十分显著的，明亮欢快的颜色能够让儿童感到愉悦。

4．休息及服务设施

居住区公园"以人为本"的设计理念，要求必须为居民提供休息场所和服务设施。如适量的亭、廊、花架、座椅、座凳等休息场地以及停车场、洗手间、饮水处、垃圾箱等一些必要的服务设施，这些在居住区公共环境中都有着较高的使用率。

5．文化的塑造与体现

在环境中体现居住区的文化脉络，也就是保持和发展居住环境的一大特色。居住区公园正是人们了解一个居住区居民在文化上的追求，是居住区文化的载体，在设计时应充分体现公园的人文信息内涵。在公园中尽量多地设置一些科技或其他信息的艺术区域，比如合理地使用壁画、尺度宜人的雕塑品、人性化的环境设施等。

（四）居住区公园的植物配植

居住区公园的植物配植应在植物造景的前提下，结合植物的生态功能与适应性来构建复层结构的人工植物群落。以乡土树种为主，突出地方特色；同时在植物品种的布置上，注重选择杀菌保健类植物，使居住区公园起到医疗保健的作用，利于居民的健康。在安静休憩区可采用生态复层类、观花观果类、彩叶乔灌类配植模式来构建观赏型植物群落。

植物种类丰富的植物群落不仅具有很强的生态功能，而且能丰富居住区公园植物景观的空间层次和色彩效果，形成疏朗通透的遮阴空间、半通透空间等。居住区公园的树种搭配应考虑景观季相变化，通过不同树形、色彩、花期的植物配植，达到"三季有花，四季常青"的季相效果。同时植物景观的空间变化丰富，与组团绿地和小游园相比，更能展现自然之美。

第三节　居住区绿地技术设计

一、居住区生态绿地的技术设计

（一）居住区绿地的生态设计理念

1．生态伦理观

具备生态伦理观就是人类要承认非人类的自然界有存在的权力，限制人类对自然的伤害行为，并担负起维护自然环境自我更新的责任。生态伦理观包括下列几点：

第一，人类存在于一定的生态系统中，人类的生存也依赖于这种生态关系。如果人类忽视或破坏了它，将会自取灭亡。

第二，人类对作为整体的生态群落和组成群落的个体负有道义责任。封山育林、建立自然保护区是人类环境保护意识的觉醒。

第三，这种道义责任可以从非人类有机体和非生命元素在环境中存在的权力上体现出来。

第四，生态伦理可以用一系列由生态系统行为衍生的原理或原则具体化，以指导人们的行为或活动。

生态伦理观要求人们对自然保持一种敬意和爱护之心。虽然居住区是人类居住的环境，但并不意味着人类有权随心所欲地占据其他生物的领地，如动辄铲平山丘、填埋河湖，使鸟兽虫鱼无安身之所，以至于导致环境恶化，生物多样性减少。

2. 自然美

居住区绿地的自然美可通过以下几个方面来体现：

（1）植物造景

运用孤植、丛植、群植等配置方式，模拟自然植物群落的多样与丰富，充分发挥植物的园林功能和观赏特性。有选择地栽植野生植物，如采用多花草坪、混合草坪和自然植物草坪等，并将植物花色、叶色进行分级，以利于植物的色彩构图。

（2）要保留或模拟自然地形

一定面积绿地应有自然地形形成的景观，最好能有溪流、池塘和岩石，散置的顽石能比传统的假山石更符合现代人的口味。

（3）允许无害的动物生存

在林间安放鸟巢并为飞鸟设置有吸引力的觅食与栖息地，蝶类、蜂类、各种昆虫以及鱼类、蛙类等水族都对人类无害，并能给人带来无限的乐趣，为儿童观察生物世界的奥秘创造有利的条件。

（4）要感悟大自然的变化

月缺月圆，花开花落，雨露霜雪，春华秋实，四季的轮回让人们体会到大自然变化的美感。这并非多愁善感，而是对大自然和谐而永恒的韵律之美的本能体验，也是传统园林常用的题材，把这些内容作为居住区生态绿地设计的素材，可能比亭台楼阁更有自然的意境。

3. 地域文化

一方水土孕育一方文化，一方文化影响一方经济、造就一方社会。在中华大地上，不同社会结构和发展水平的地域具有不同的自然地理环境、民俗风情习惯、政治经济情况，它孕育了不同特质、各具特色的地域文化。同一片区域内的居住区会形成一个完整的体系，将地域文化应用到居住区绿地生态规划设计中，可以为居住区的人居环境和社区空间服务，给居民提供舒适宜人、具有文化内涵的高品质居住环境，使居民对环境产生共鸣，有利于邻里来往、邻里互助等，提高社区精神文明水平，使地域文化在这片土地上长时间地传承下去。

居住区绿地中地域文化的设计营造十分重要，在居住区绿地生态规划设计中，结合居住区绿地的天然景观和人文景观等独有的特征因素进行设计，把具有地域特色的元素融入在内，如建筑风格、景观小品、雕塑、园路铺装甚至居住模式等，使绿地景观有"根"可寻。同时，这种元素的构成，可吸引居民，聚集人气。根据不同年龄设置不同的交流空间、娱乐休憩设施，满足多方面的需求。汲取地方特色，唤起人的地域感和归属感，这样拉近了相互间的距离，增强居民间的亲切感和居住区的人性化，使居住区地域文化得以延续发展，更好地延续地域文化到居住区绿地中。

（二）基地处理

房屋一定要建在条件最差而不是最好的地方。其内涵是指人们的建设活动应尽量少干预和破坏优美的自然环境，并通过建设活动弥补生态环境中已遭破坏或失衡的地方。如今，人们借助地质、水文、心理、生物和生态学诸学科的知识来认识和处理基地。

1. 地形

居住区基地地形的利用和改造要全面贯彻"适用、经济，在可能条件下美观"的总原则，根据地形的特殊性还要贯彻如下原则：利用为主，改造为辅；因地制宜，顺其自然；坚持节约；符合自然规律和艺术要求。

适于建设的用地是平地、缓坡，10％以上的坡度需要大幅度地填挖而不太适合用作建筑用地。在不利的地形条件下，可将绿地设在陡坡、冲沟及土壤承载力低的地段，或洼地、洪泛区等。对于居住区绿地来说，地形的变化不仅不会带来难以解决的问题，而且经过设计者精心处理反而会产生优美的景观，如通过地形变化产生的阶梯水池，同时居住区绿地对维护基地区域内的生态安全具有重要作用。

平地和坡地之上是山地，山地不适合用作建设用地，但在居住区绿地生态规划设计中是不可或缺的自然景观要素。在建设过程中应尽量减少对地形的干扰和填挖，以保持其自然特色，任何大幅度的挖填都将改变基地原有自然环境，干扰排水，改变地下水位，危及原有植被和其他生物的生存。居住区绿地中的山地可以作为自然山峦景观，体现自然之美，同时也可以作为分隔功能区域的屏障。

2. 表土

表土是经过漫长的地球生物化学过程形成的适于生命生存的表层土，是植物生长所需要养分的载体和微生物的生存环境。填挖方、整平、铺装、建筑和径流侵蚀都会破坏或改变宝贵而不可再生的表土，因此，应将挖填区和建筑铺装去除的表土剥离、储存，用于需要改换土质或塑造地形的居住区绿地当中。在居住区建成后应清除建筑垃圾，回填优质表土，以改善居住区绿地植物生存环境。

3. 现状植物

无论新区建设还是旧城改造，总会有现状植被的存在，特别是名木、古树是居住区生态系统的重要组成部分，有可能对更大范围内的生态环境产生影响，因此应尽可能保存对改善环境有益或有独特作用的植物群落，将它们组织到居住区绿地系统当中，这样当居住区刚建成时就会有较好的生态环境，而不必等待新植树木缓慢长成。如20世纪50年代的北京幸福村规划时，设计者对基地原有的很多树木做了详细的调查，确定现状树木的位置，在规划住宅时采用周边式布局，将树木保留在各个庭院中，这样住宅区建成时就有了良好的绿化环境。

4. 地表水

基地现有的自然排水体系是由汇水区域、溪流、河道、池塘、湖泊组成的整体，是区域生态系统的重要环境因素。规划布局应力求减少对自然排水的干扰，尽量保留溪流、池塘等具有生命意义和景观价值的要素，这样既可以节省排水工程投资，保持地区生态环境，又可以形成地区特色。

（三）植物栽植

"绿色植物"使春季山花烂漫、夏季浓荫葱郁、秋季红叶斑驳、冬季枝压凝雪，是居住环境中最能体现时间、生命和自然变化的要素。植物是居住区绿地系统中最基本的生态要素，具有强大的生态功能，如吸碳放氧、滞尘、吸收有害气体及改善小气候等，对改善居住区生态环境有重要作用。由于植物的生命特征不同，在进行居住区植物配植时不能随意处之，要充分考虑植物的生态习性、生存条件，使其功能得到充分发挥。

植物群落是由植物组成的生物共同体。自然界中的植物几乎都是以群体的形式存在的。天然植物群落中的物种为适应环境条件的变化而进行缓慢的物种变异，直至达到顶级群落。自然界中的植被组成了一个相互依赖、共同生存的生态系统，植物在自然界中的种群关系，比单个植物具有更多的相互保护性。许多植物之所以能健康生长在群落中，主要是因为能够与相邻的植被互利共生。所以原生的植物群落（如天然林）比人工植物群落的抗病虫害、抗旱涝灾害和抗污染的能力更强。

相对稳定的自然植物群落的生成是在气候、土壤、生物等外在因素和竞争、共存和迁移等内在因素的影响下经过漫长的进化过程而形成的。在进行居住区绿地植物生态设计时，要首先考虑乡土树种和久经考验适宜本区域生长的外来树种。这些树种经过漫长的变异、自然选择、进化，已经成为该区域植物群落的优势物种，抗逆性强、生存适应性强，在该区域长势较好，有利于发挥其功能。另外，多样性增加稳定性，增加居住区绿地植物的丰实度，构建复合层次的人工植物群落，有利于居住区的生态稳定性。

创造居住区人工植物群落，要求在植物配植上，按照不同配植类型组成功能不同、景观异趣的植物空间，使植物的景色和季相千变万化，主调鲜明，丰富多彩。不同的居住区绿地，其地形地貌和河湖水系等自然条件布局形式和环境状况都有不同的特点，也就对群落类型及其功能提出了不同的要求。

二、居住区住宅建筑用地绿地技术设计

（一）宅旁绿地设计

宅旁绿地是紧靠窗前墙基部分的狭长地段的绿化，又称基础种植。

宅旁绿地紧邻楼层，一般只有 2～5m 宽。因此在种植设计上，首先应考虑居室内的通风采光。从树种选择上，应用中小乔木及花灌木、宿根花卉进行布置，超过室外窗台的植物应种植在两窗之间，这样不会影响通风与采光；另一个必须考虑的因素是这一地段往往是地下管线、各种探井以及化粪池等设施的所在位置，各种树木必须与管线井位保持一定的距离，为高大乔木根系的生长留置余地。另外，随着高大乔木的生长，树冠不断扩大，往往会向墙外倾斜，从而有损其景观效果。

宅旁绿地应综合考虑住宅的类型、平面布局、层数、间距、向阳或背阴情况以及建筑组合的形式等因素进行设计。在低层住宅中，往往将宅旁绿地划分成每户独用院落，用绿篱、花墙或栏杆围隔，院落中住户依自己的兴趣设置不同的设施和栽植不同的植物，如开辟小花园、小菜园等，丰富居民业余休闲生活。多层单元式住宅楼的宅旁绿地，既可以统一布置为共享的绿地，如休憩场地、儿童活动场地、小乒乓球场地等，也可把部分绿地分给低层住户形成独用院落。

（二）宅间绿地设计

宅间绿地一般为长方形绿地。在中国北方，其宽度为楼高的 1.6 倍。按 6 层楼计算，楼高约为 18～20m，绿地宽度即为 30m 左右。其长度按 4～6 个单元门计算约为 50～60m。因此，一般绿地面积有 1500～1800m² 。南方地区由于阳光斜射角度变小，楼间距一般小于北方，但最小不应小于楼高的 1.2 倍，否则会影响室内光照，绿化面积也不符合国家居住区绿地标准。

宅间绿地是居民在户外短距离内活动的主要场所。因此，技术设计必须考虑居民日常活动及户外休息。从总体上说，宅间绿地可以是规则式布局，也可以是自然式布局，应避免雷同，综合运用多种布局形式和艺术手法形成各具特色的宅间绿地，如蜗牛造型的宅间绿地。

（三）组团式楼间绿地设计

居住区组团式布局就是四面朝向的四幢楼围合成庭院，使绿地面积相对集中，更加开阔，更加有利于居民的户外活动。组团式绿地近于方形，在使用上由于东西向楼的单元门出入口在楼北侧阴面，因此绿地可以集中在北侧设计。东西向楼的南侧窗下不必留道路，可与绿地衔接。

而楼北侧阴面作为主要通道，不安排阴面的基础种植，而是留出足够的通道，以及必要的停放自行车及小型车辆的空间。

（四）高层住宅绿地设计

10层以上为高层住宅，居民集中，应有足够的户外活动场地。高层住宅一般把入口设在背阴面一侧，因此另外三面应作周边式绿化设计，宽度可达5m，宽度加大可以配植较为丰富的树丛，可采用乔、灌、草、藤复合搭配的方式，丰富居住区景观的内容。在乔木的使用上，可以适当增加诸如雪松、圆柏之类高耸的塔形、柱形树种的数量，使之与高层建筑相呼应，起到较好的衬托作用。

高层住宅的绿地树种应更丰富一些，做到"三季有花、四季常青"，乔、灌、草、藤复层混交。草地面积不宜过大，林下多为耐荫草坪或地被植物，使地面免于裸露。北方地区常绿树与落叶树的比例以2:3为宜。

几栋高层楼房之间需要考虑设置较大面积的中心绿地，这是几栋居民共享的公共活动空间。这块中心绿地可布置较多的活动内容，比如休息亭、廊、花架、座凳等，还可设置网球场等运动场地，树荫下还可布置幼儿户外活动的小型沙坑、攀登架以及青少年使用的露天乒乓球台等设施。

高层住宅楼均有地下室，车库最好设计为地下式，以保证各种小型车辆的存放。否则大量车辆停放必然要抢占绿地，造成环境杂乱的现象。

（五）宅院绿地设计

宅院绿化在我国历史悠久，形式多样，南北方各具特色。随着我国经济的迅速发展，各地已出现了部分高收入阶层居住的低层高标准住宅区域，形成了2~4户的合体户形式和独门独院的别墅形式，住宅前都留有较大面积的庭院。良好的庭院绿化环境与其豪华的建筑形式相结合的形式，比只强调其建筑形式的华丽更能够提升其居住生活品质。宅院绿地具有生态和美学功能，一个良好私宅的居住环境，庭院绿地面积至少应为占地面积的1/2~2/3，对创建真正宜居、舒适的居住环境有重要意义。

参考文献

[1]张杰,龚苏宁.景观规划设计[M].上海:华东理工大学出版社,2022.09.

[2]郑媛元.环境艺术与生态景观设计研究[M].北京:中国纺织出版社,2022.08.

[3]马潇潇.城市滨水绿道景观设计[M].南京:江苏凤凰科学技术出版社,2022.02.

[4]耿秀婷,张霞.现代城市园林景观规划与设计研究[M].北京:中国华侨出版社,2022.08.

[5]梁英辉,穆丹.景观植物与应用设计[M].北京:中国纺织出版社,2022.08.

[6]李莉.乡村景观规划与生态设计研究[M].北京:中国农业出版社,2021.06.

[7]杜雪,肖勇.景观设计[M].北京:北京理工大学出版社,2021.07.

[8]汪华峰,袁建锋.园林景观规划与设计[M].长春:吉林科学技术出版社,2021.08.

[9]丁慧君,刘巍立.园林规划设计[M].长春:吉林科学技术出版社,2021.03.

[10]王晨.生态建筑理论及景观规划设计[M].长春:吉林科学技术出版社,2020.08.

[11]贾燕.生态视角下的景观规划设计研究[M].哈尔滨:哈尔滨出版社,2020.08.

[12]陆娟,赖茜.景观设计与园林规划[M].延吉:延边大学出版社,2020.04.

[13]王江萍.城市景观规划设计[M].武汉:武汉大学出版社,2020.07.

[14]尤南飞.景观设计[M].北京:北京理工大学出版社,2020.07.

[15]郭雨,梅雨.乡村景观规划设计创新研究[M].北京:应急管理出版社,2020.

[16]樊佳奇.城市景观设计研究[M].长春:吉林大学出版社,2020.06.

[17]庄志勇.乡村生态景观营造研究[M].长春:吉林人民出版社,2020.07.

[18]杨琬莹.园林植物景观设计新探[M].北京:北京工业大学出版社,2020.07.

[19]李士青,张祥永.生态视角下景观规划设计研究[M].青岛:中国海洋大学出版社,2019.03.

[20]左小强.城市生态景观设计研究[M].长春:吉林美术出版社,2019.01.

[21]段瑞静,王瑛瑛.景观设计原理[M].镇江:江苏大学出版社,2019.08.

[22]林春水,马俊.景观艺术设计[M].杭州:中国美术学院出版社,2019.08.

[23]何彩霞.可持续城市生态景观设计研究[M].长春:吉林美术出版社,2019.01.

[24]张文勇.城市景观设计[M].北京:北京理工大学出版社,2019.05.

[25]肖国栋,刘婷.园林建筑与景观设计[M].长春:吉林美术出版社,2019.01.

[26]盛丽.生态园林与景观艺术设计创新[M].南京:江苏凤凰美术出版社,2019.02.

[27]徐澜婷.城市公共环境景观设计[M].长春:吉林美术出版社,2019.01.

[28]李璐.现代植物景观设计与应用实践[M].长春:吉林人民出版社,2019.10.

[29]吴林.景观规划设计的生态理念融入与实现[M].长春:吉林大学出版社,2018.08.

[30]高卿.景观设计[M].重庆:重庆大学出版社,2018.06.

[31]郭媛媛,邓泰.园林景观设计[M].武汉:华中科技大学出版社,2018.02.

[32]赵鑫.城市生态景观艺术研究[M].长春:吉林美术出版社,2018.03.

[33]赵颖.生态城市规划设计与建设研究[M].北京:北京工业大学出版社,2018.08.

[34]刘谯,刘滨谊.景观形态思维与设计方法研究[M].上海:同济大学出版社,2018.04.